图书情报理论与实践研究丛书

用户专利文献阅读兴趣拓扑结构及其应用研究

王秀红　袁银池　金玉成　著

WUHAN UNIVERSITY PRESS
武汉大学出版社

图书在版编目(CIP)数据

用户专利文献阅读兴趣拓扑结构及其应用研究/王秀红,袁银池,金玉成著. —武汉:武汉大学出版社,2016.12
图书情报理论与实践研究丛书
ISBN 978-7-307-19088-7

Ⅰ.用…　Ⅱ.①王…　②袁…　③金…　Ⅲ.专利文献—阅读—兴趣—研究　Ⅳ.G306.4

中国版本图书馆 CIP 数据核字(2016)第 323499 号

责任编辑:方竞男　　责任校对:刘小娟　　装帧设计:吴　极

出版发行:**武汉大学出版社**　　(430072　武昌　珞珈山)
(电子邮件:whu_publish@163.com　网址:www.stmpress.cn)
印刷:虎彩印艺股份有限公司
开本:720×1000　1/16　印张:8.25　字数:150 千字　插页:5
版次:2016 年 12 月第 1 版　　2016 年 12 月第 1 次印刷
ISBN 978-7-307-19088-7　　定价:52.00 元

作者简介

　　王秀红,1975 年出生,江苏南通人,工学博士,管理科学与工程博士后,高级专利分析师,先后任系统工程和情报学硕士生导师;2011 年于美国加州大学访问 1 年。一直从事文本相似度计算、核函数的构造与应用、专利文献检索、非结构化数据管理、信息行为等方面的研究。近 4 年,SSCI、SCI、EI 收录第一作者期刊论文 10 余篇,CSSCI 收录论文 10 余篇;以第一发明人申请发明专利 6 项,PCT 申请 1 项,美国发明专利 1 项,已授权 3 项。

特 别 说 明

　　本专著为国家自然科学基金"专利文献的要素组合拓扑结构及向量空间语义表示与相似度计算研究"(项目编号 71403107)、中国博士后科学基金第七批特别资助"综合位置和语义的专利文献核函数构造及相似度计算研究"(项目编号 2014T70491)的研究成果之一。本专著由江苏大学专著出版基金资助出版。

　　本研究的相关成果已申请中国发明专利、美国发明专利。

前　言

专利文献包含丰富的技术创新信息,是重要的知识载体,具有重要的技术参考价值。阅读行为能在一定程度上反映用户的兴趣所在。将知识图谱与定性研究方法相结合来分析国内外研究现状,发现基于专利文献阅读行为的研究目前处于空白。本书主要利用专利文献自身特有的编排体例和内容特征,通过对用户专利文献阅读行为的实验分析,挖掘其对专利文献要素的兴趣拓扑结构,构建兴趣模型指标,计算兴趣度;再挖掘用户平时阅读的兴趣关键词及其所对应的国际专利分号(IPC)小类,结合兴趣拓扑结构设置关键词位置权重,从而发现待推送的专利文献,提高推荐的针对性、准确性和全面性。

本书具体包括以下几个方面的内容。

(1)分析了国内外阅读行为兴趣研究知识图谱。选择 Web of Science 数据库中阅读行为兴趣研究的相关文献,利用 Citespace Ⅲ、HistCite 软件及数据库在线分析功能进行分析和处理,揭示基于阅读行为兴趣研究的跨学科属性、重要区域、机构、研究热点、高影响力著者、代表性文献及核心刊物。

(2)构建了用户专利文献阅读行为兴趣的理论模型。利用 Tobii T60XL 眼动仪对用户阅读的眼动数据进行采集、处理与分析,从而发现用户对各兴趣区的偏好差异;通过视线扫瞄轨迹采集用户在阅读过程中的视线扫瞄模式,进一步确定了兴趣模型指标,具体包括相对访问时间、相对注视次数、瞳孔直径缩放比和回视次数;采用改进的层次分析法对兴趣模型指标进行权重设计,提供了构建用户专利文献阅读兴趣模型的一般方法。

(3)挖掘用户专利文献阅读兴趣并进行拓扑结构表示。进一步以 Tobii T60XL 眼动仪为工具,选用 26 名视力正常、从事科研工作的江苏大学教师和研究生,记录其阅读专利文献的眼动行为。实验中,将专利文献划分为 12 个要素即 12 个兴趣区,结合用户阅读实验中的阅读行为、测前问卷、测后 RTA 访谈进行分析;构建相对访问时间、相对注视次数、瞳孔直径缩放比三个指标,计算用户对各要素的兴趣度;构建各兴趣区回视次数的关系矩阵。根据用户在各个要素的兴趣度及不同要素间的兴趣关联程度,构建用户专利文献阅读的兴趣拓扑结构。

(4)利用兴趣拓扑结构提供主动推送微服务模型。构建专利文献树形结构模型并进行文本预处理,利用兴趣度赋以兴趣特征词微兴趣权重;结合兴趣拓扑结构赋以特征词位置权重用以计算专利文献相似度计算过程中词项的位置权值;结合特征词的长度对 TF-IDF 算法进行改进,计算特征词的综合权重,从而构建带有用户兴趣的专利特征词向量空间模型。挖掘利用兴趣特征词所对应的 IPC 小类,限定待检索的专利技术领域,在专利数据源中进行检索,得检索结果;将用户兴趣的专利特征词向量与检索结果进行相似度匹配计算和排序,得用户 TOP N 兴趣专利文献。

由于著者水平有限,书中难免有不妥之处,敬请广大读者批评指正。

著 者

2016 年 11 月

目　　录

1 绪　　论

1.1　研究背景

世界知识产权组织发布的《2015 世界知识产权指标:突破式创新与经济增长》指出:2014 年全球发明专利申请量增长迅速,增幅达 4.5%。全球近 270 万件的发明专利申请中,约 30% 来自中国,超过美国和日本发明专利的申请总量。中国专利申请量成为推动 2014 年全球发明专利申请量增长的主要动力。其中,中国 92.8 万多件,增长率为 12.5%;美国 57.9 万多件,日本 32.6 万多件。

专利文献的特点在于集科技、法律、经济信息于一体。从它所包含的技术内容来看,它具有广博性;从它的结构编排、著录格式和采用的分类体系来看,它具有统一性和标准性;从它所阐述的权利要求及许多与法律相关的著录数据来看,它具有法律性。

专利文献充分体现了专利制度的法律保护功能和公开特点;同时在专利审查和国际交流中发挥着重要作用。专利文献是体现专利制度根本目的的媒介,是实施法律保护的依据,是进行科学审查的依据,为经济、贸易、国际交流提供参考,传播专利信息、促进科技创新。专利文献不仅全面、完整地记录了专利活动过程,反映了各领域技术活动的现状,还可用于挖掘特定领域技术活动的发展历程。从一件发明创造所拥有的同族专利的数量,以及世界各国就同一技术问题公开的专利文献数量,可分析申请人的全球市场战略以及技术的重要程度;将各国就同一技术问题所提出的不同解决方案进行对比,可以确定较为科学与经济的技术发展战略等。

专利文献在科技创新等方面具有很好的应用。专利文献为国家宏观决策提供依据,为技术评价与预测、进行科技实力对比提供参考。专利文献对技术进步有着重要的促进作用,能活跃发明创造思维、促进创新活动,为科研选题、制订科研计划提供重要的参考价值。专利文献在企业的生存与发展中也发挥重要作用。专利文献在国际技术贸易中的重要作用,可帮助确定技术进出口的最佳目标,避免技术进出口中不必要的损失。

专利文献的技术情报作用主要体现在以下几个方面:①技术创新。有关研究表明,在技术研发中阅览专利文献能缩短60%的科研时间,节省40%的科研经费。②新产品开发。新颖性、创造性和实用性为专利技术应具备的授权的三性,且专利文献对技术的描述往往比较具体、系统,简洁明了且完备,往往附有各类附图及公式等,各领域技术人员能够依据专利文献描述的技术方案实施专利内容,专利文献被很好地运用于开拓思路、开发研制或生产、销售新产品,避免侵权。③研发立项。为避免科研成果重复研究,在选题和立项前可以采用文献调研手段以及专利信息分析方法,对所研究的课题进行查新,明确其内容的新颖性以及创造性,并且以检索分析结果作为能否立项的依据。充分借助专利文献内容广、记载详、报道快的特点,阅读专利文献,以了解科技发展的最新动态,发现相关领域内待解决的技术问题,寻找研究着力点或创新点已成为目前科研创新的有效方法之一。

专利文献内容格式统一、形式规范,专利数据库越来越成熟,数据来源客观、有效且获取便利。用户阅读专利文献有80%以上比较关注专利的技术内容。通过访谈得知,大部分的科研用户在需要撰写专利申请文件的时候,会集中阅读专利文献,以了解背景技术或已有的技术方案及存在的技术问题,同时规避侵犯他人专利权,且避免自己有专利而不能实施的问题,从而最终确定自己的技术方案与保护范围,使得独立权利要求的划界更准确。

随着科学技术的快速发展,科技文献资源得到几何级别的增长,如何简便、高效地获取自己所需的数据资源,成为用户普遍关心的问题。用户希望能按照自身的需求订制数据资源,然后由专业的服务机构主动、及时地为其提供所需的信息资源。而采集用户阅读、浏览及访问中的兴趣行为,对用户的正常阅读不产生干扰,通过这些行为进一步确定用户感兴趣的信息,并且把这些信息主动推送给他们,有助于提高推送服务的亲和力、精准率和召回率。用户信息行为是用户兴趣研究的重要内容,能够帮助识别用户兴趣、偏好及需求的信息行为,包括信息需求行为、信息查询行为、信息交互行为、信息浏览行为、信息选择行为和信息利用行为等。其中,信息浏览(含阅读)行为是考察用户阅读文献时,其最关注文献中的哪一部分,以及文献中各部分之间兴趣关联情况。

现有的个性化推荐模型的方法大致有以下三类:①基于内容分析、协同过滤和组合推荐,均以用户兴趣分析为基础,建立适合用户的兴趣模型。②根据用户参与兴趣模型构建过程深度的不同,其构建技术可分为用户手工订制、示例用户引导以及自动分析建模。自动分析建模是在兴趣模型构建过程中,无须用户输入其感兴趣的主题或特征词,也无须用户对阅读过的内容标注其兴趣度值,系统根据用户的阅读内容和阅读行为自动地为用户构建兴趣模型的方法,此方法有利于提高个性化服务系统的易用性。③现有的用户兴趣模型难以精确描述用户的个性特征和文献需求,从而难以提供优质的主动推送服务。

视觉是人类获取信息的主要通道。心理学家研究表明,人类获取的信息有 83% 来自视觉。其中,眼动技术是一种可靠、有效的方法,可通过眼动研究分析用户在阅读过程中的注意力分配情况。眼动记录方法完成对阅读过程的真实测量与还原,为阅读研究提供实时测量的技术支持。该方法不会过多干扰正常的阅读过程,能够实时、连续地记录用户的阅读行为,能对用户在阅读内容的重点区域上的行为进行分析。综合运用眼动指标不仅可以挖掘用户剖析问题的新视角,还可以展示用户词汇加工的时间进程。眼动仪被很好地应用于用户的阅读行为研究,浏览、访问或阅读中的眼动研究可充分挖掘用户偏好和潜在需求。

本研究通过分析眼动仪记录的数据,能更清楚地了解用户对文献任何一要素的访问时间、注视次数、眼跳及瞳孔直径变化情况等阅读行为。此外,眼动仪与生理多导仪、行为监测系统、用户体验软件、行为活动记录软件等通过接口能结合使用,共同采集眼动、脑电、生理方面的数据信息。本研究拟利用用户阅读时眼动数据,深入研究用户的阅读兴趣,从而为具体的用户提供基于阅读行为的主动推送微服务模式。实施时还可进一步综合脑电、肌电、眼电、心电、呼吸率及皮电等行为数据,进行更全面、深入的分析。

本研究将阅读行为记录技术和问卷访谈法相结合,对传统的主动服务模型进行改进,主要包括以下过程:计算用户阅读专利文献行为系数权重及阅读兴趣度;利用用户基本信息、阅读文献内容及阅读行为数据等,结合问卷访谈,采用向量空间模型表示用户兴趣模型;基于文献采集与匹配系统提供主动推送文献给用户;通过专利文献的阅读行为实验,验证兴趣模型核心部分的有效性。

1.2 研究意义

1.2.1 理论意义

目前识别用户的阅读兴趣点,通常是依据检索词、字段判断用户的需求,有待全面、准确挖掘用户的需求。专利查询为专利文献的获取提供了一个有效的途径,用户阅读行为研究可充分挖掘用户潜在需求,已在网站可用性、软硬件测试等方面得到广泛的应用,但针对专利文献阅读行为的研究目前国内外属于空白。用户阅读行为是一个新兴的研究领域,对其进行研究是了解用户相关情况的一个重要途径,用以发现用户信息利用过程中存在的问题,以及用户阅读的规律与偏好等。通过对用户信息行为的研究,信息服务者以用户为本,从用户角度出发,为用户提供清晰和可理解的信息。

本研究以专利的阅读行为为基础,进一步挖掘专利阅读指标,构建专利阅读兴趣模型和主动推送模型;利用用户在不同专利文献要素的兴趣的差异,设置专利词项的位置权值,用于专利文献相似度计算,同时为提高专利推荐的准确性、客观性与可行性,提供一般理论方法。

1.2.2 实践意义

专利文献的格式标准、规范,且具有统一的国际专利分类(IPC)体系结构,便于数据挖掘,为课题研究提供专利数据源。专利推荐为专利文献的自动个性化获取提供了一个有效的途径。用户专利需求在一定程度上能够通过阅读行为反映出来。通过专利阅读行为可以挖掘潜在、具体的。用户并没有用语言表达出来的用户需求信息,用以揭示用户专利文献阅读的兴趣拓扑结构,用以挖掘用户对专利文献各部分的偏好,以及高度关注及需求的信息。

本研究在基础行为分析、大声思考和眼动追踪的组合模式实验中,用户做到专注于自己的任务而不用说出自己的想法。当总任务或单个任务完成后,实验者向受测者提供可视化浏览路径的眼动视频,重新播放该视频,受测者可以说出当时自己的想法。已有行为记录软硬件 Morae、眼动仪 Tobii T60XL和 spirit 10 生理多导仪,结合"863"项目课题组成员参加实验,为本研究的模型指标和实证数据分析环节提供可靠的技术支持。通过对专利阅读兴趣进行研究,提出科学、可行的推荐服务一般理论方法,提高专利推送服务的准确性和全面性,且对专利转化实施过程中专利价值的评价、专利文献相似度计算中词项位置权系数的科学设置、相关专利的检索和利用等具有重要的实践意义。

1.3 研究方法

本研究利用文献计量方法进行现状研究,采用定性与定量相结合的方法构建兴趣模型;利用问卷调查与访谈法、实验观察与记录法相结合进行实证分析,具体包括以下几种方法。

(1)文献计量法:利用文献计量法对 Web of Science 数据库中阅读行为的兴趣研究进行检索,对有效数据进行统计分析,挖掘其学科分布、重要区域国家、机构合作、研究热点、高影响力著者、代表性文献以及期刊分布等情况。

(2)比较法:对多种阅读行为指标进行比较,提出适合专利文献的阅读行为指标,并进行详细说明,揭示指标的可行性。

(3)问卷调查与访谈法:通过用户调查研究方法来对相关的数据进行搜集,是其最重要的研究方法。对用户进行测试之前,通过制订调查问卷获得用户专利需求基本信息。对用户测试结束后,当用户对专利需求有了更直观、深刻的体会后,再进行测试后的问卷调查,得到用户相应反馈信息,用以对测试数据进行对照与结合分析。在测试和问卷调查完成后再进行用户访谈,通过访谈获得调查问卷以及现场测试以外的信息,将测试过程中遇到的问题与测试对象进行交流,以便更深入地了解用户对专利知识服务的需求与建议。

(4)大声思考法:用户在检索期间,大声将其操作行为及思维过程进行表述出来,所有的独白被录音,后期研究人员再依据录音辅助数据分析。全过程研究人员只是旁观,除必要的提示外,不与用户进行交流。大声思考法能帮助研究人员精确、详细地了解用户伴随行为变化的思维过程。大声思考法有两种主要的实施方法,一种是并发大声思考,要求用户在做任务的过程中说出自己的想法;另一种是回溯大声思考,要求用户在某一个任务或所有任务都完成后,必须描述自己在这个过程中的经历。本测试中的用户为"863"项目成员,在测试过程中,鼓励其大声思考,并做标记。而并发大声思考使用过程中可能会增加用户的认知负担,因此在分析眼动数据的可用性测试中用到回溯大声思考。

(5)实验观察与记录法:在研究用户阅读专利时,采用实验方法,观察和记录用户肢体运动和使用阅读工具的现场表现。在信息查询、阅读场景中,采用仪器设备对用户阅读专利的行为进行全程观察与记录,通过录制用户阅读、浏览行为整个过程的视频,回放视频与标记分析。利用 Morae 和 Tobii T60XL 眼动仪标记以及跟踪用户的搜寻过程和结果,通过不同维度的比较分析,结合用户特征,进行分析,找出不同因素间的因果关系或相关关系以及用户的潜在需求和兴趣点。

(6)数学方法:通过对经过处理后的指标数据进行定量分析,计算用户对专利文献各部分的兴趣度。采用改进的 TF-IDF 特征词提取方法、专利文献各要素加权法、向量相似度计算方法等,即利用数学方法对指标数据进行科学计算,量化成指标分值计算专利相似度。

最后通过示例分析法,选择合适的眼动实验案例,采用上述研究方法,对提出的基于专利文献阅读行为用户兴趣模型的方法进行计算并分析。

1.4 研究框架

本研究总体框架如图 1.1 所示。

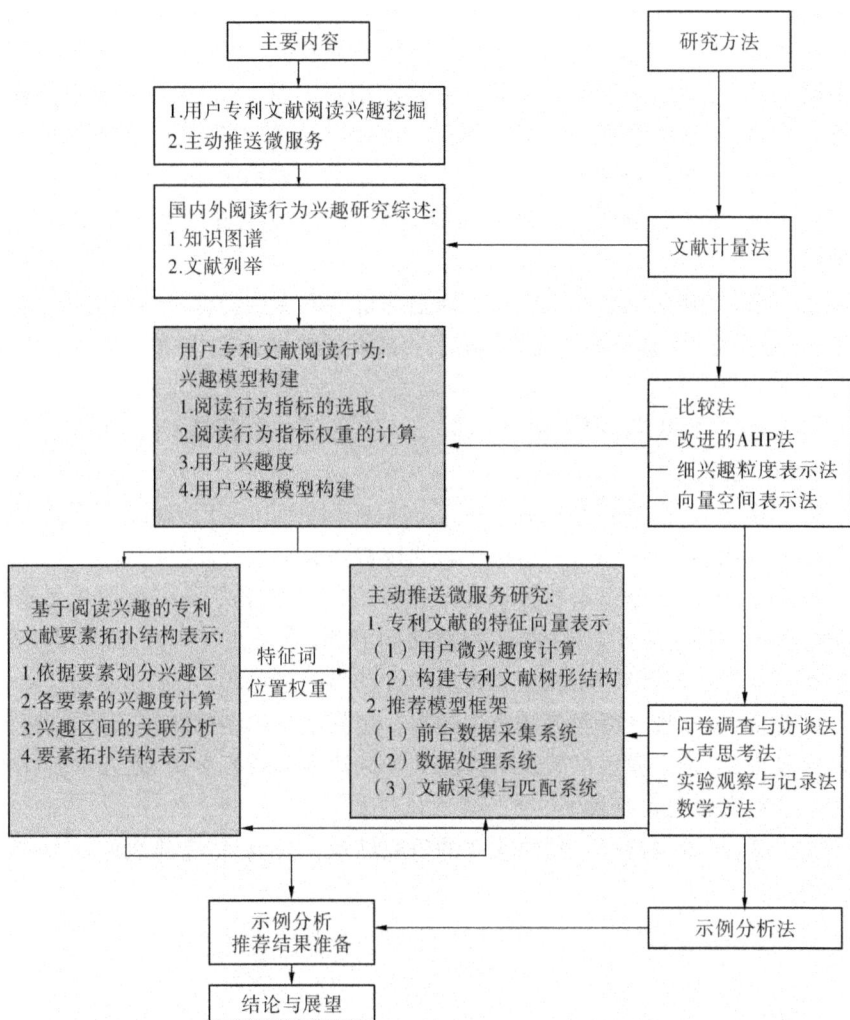

图 1.1　本研究内容方法流程图

如图 1.1 所示,本研究通过收集用户阅读专利文献的行为数据,挖掘用户的阅读兴趣,计算兴趣主题或要素的兴趣度,进而构建用户专利文献阅读行为的兴趣模型。针对专利文献的结构特点,将整篇专利文献分为 12 个要素,计算用户对专利文献各要素的不同的兴趣度以及不同要素之间的兴趣度的关联度,从而构建用户专利文献阅读兴趣拓扑结构图。将用户专利文献兴趣拓扑结构,应用于主动推送微服务中。具体采用拓扑结构中各要素的兴趣权重作为兴趣特征词所在位置的权重,结合专利特征词词长、计算得到的用户对特征词主题的微兴趣度,获得高兴趣度的兴趣特征词向量,用以匹配待推荐文献。待推荐文献,是利用用户检索策略,结合用户感兴趣的专利文献中提取的高兴趣 IPC 小类号,进行检索所得的专利文献。本书主要框架结构如下。

第 1 章,绪论。包括研究背景、意义、内容及方法,对论文的研究概况的基本阐述。

第 2 章,专利文献的特征剖析。详细剖析专利文献的编排结构特征、内容特征;从专利法、审查员的角度,分析各个要素的技术内容描述要点与形式要求规范等。

第 3 章,研究现状分析。利用 CiteSpace Ⅲ 软件对阅读行为的研究现状进行分析、发现。

第 4 章,用户兴趣模型构建。包括选取相对访问时间、相对注视次数、瞳孔直径缩放比和回视次数指标,构建新的用户兴趣模型。

第 5 章,专利文献要素阅读兴趣的拓扑表示。基于专利文献阅读兴趣的专利要素拓扑结构表示,详细描述相对访问时间、相对注视次数、瞳孔直径缩放比和回视次数的计算,以及拓扑表示的方法与一般过程。

第 6 章,主动推送微服务的模型构建。包括推送模型的流程、专利文献的特征向量表示、推送模型框架及具体实施。利用实验进行分析,验证本研究推送模型的科学性与可行性。

第 7 章,结论与展望。总结主要的研究结论,提出有待完善之处及未来展望,以抛砖引玉。

2 专利文献的内容特点和结构编排

专利文献是包含已经申请或被确认为发现、发明,实用新型和具有工业品外观设计的研究、设计、开发和试验成果的有关资料,以及保护发明人、专利权所有人及工业品外观设计和实用新型注册证书持有人权利的有关资料的已出版或未出版的文件(或其摘要)的总称,在科研活动中具有不可替代的作用。从狭义上讲,专利文献是指由专利局公布的专利说明书和权利要求书。各国专利文献都具有统一规范的编排格式。专利说明书主要涉及发明创造的技术内容和权利内容,基本上包括:专利文献著录项目、名称、说明书、权利要求书、摘要、附图,有些国家出版的专利说明书还附有检索报告,并通过上述各部分从多种角度揭示发明创造的技术内容和权利内容。

2.1 专利文献著录项目

巴黎联盟专利局间情报检索国际合作委员会(ICIREPAT)规定使用的专利文献著录项目为以下八个大项目:
(1)文献标志项;
(2)国内登记项;
(3)国际优先权项;
(4)向公众提供使用(公布或出版)日期项;
(5)技术信息项;
(6)其他法定的有关国内专利文献的参考项;
(7)与专利有关的人事项;
(8)国际组织有关项。

专利文献著录项目,简称著录项目,源于一般图书文献的著录项目,仅用于专利文献著录,是刊在专利说明书扉页上的表示专利信息的特征。巴黎联盟专利局间情报检索国际合作委员会(ICIREPAT)为专利文献著录项目制定了统一的识别代码,从而使专利文献的著录实现了国际统一化标准。

10. 文献标志

(11)文献号(专利号)。

(12)文献类别。

(19)公布专利文献的国家或机构。

20. 申请数据

(21)申请号。

(22)申请日期。

(23)其他日期(包括展览登记日期,递交临时说明书、递交完整说明书登记日期)。

(24)所有权生效日期。

30. 优先权数据

(31)优先申请号。

(32)优先申请日期。

(33)优先申请国家或组织。

40. 文献的公知日期

(41)未经审查且尚未批准专利的说明书,向公众公开阅览或接受复制的日期。

(42)经审查但尚未批准专利的说明书,向公众提供阅览或接受复制的日期。

(43)未经审查和尚未批准专利的说明书印刷或类似方法出版的日期。

(44)经审查尚未批准专利的说明书经印刷或类似方法出版的日期。

(45)经审查批准专利的说明书的印刷或类似方法出版的日期。

(46)专利权项的印刷或类似方法出版的日期。

(47)已批准专利的说明书向公众提供阅览或复制的日期。

50. 技术信息

(51)国际专利分类号,简写成 Int. Cl^n.,Cl 右上角的数字,表示 IPC 的版次,如 Int. Cl^3 表示是 IPC 的第 3 版。

（52）本国专利分类号。

（53）国际十进制分类号。

（54）发明题目。

（55）关键词。

（56）已发表过的有关技术水平的文献。

（57）文摘及专利权项。

（58）审查时所需检索学科的范围。

60.其他法定的有关国内专利文献的参考项目

（61）增补专利。

（62）分案申请。

（63）继续申请。

（64）再公告专利。

70.与专利文献有关的人事项目

（71）申请人姓名（或公司名称）。

（72）发明人姓名。

（73）受让人姓名（或公司名称）。

（74）律师或代理人姓名。

（75）同是申请人的发明人姓名。

（76）既是发明人也是申请人和受让人的姓名。

80.国际组织有关项目

（81）专利合作条约的指定国。

（83）根据《布达佩斯条约》微生物保存的有关信息。

（84）根据地区专利公约指定的缔约国家。

（86）国际申请著录项目,如申请号、出版文种及申请日期。

（87）国际专利文献号、文种及出版日期。

（88）欧洲检索报告的出版日期。

（89）相互承认保护文件协约的起源国别及文件号。

专利号为 US6931648 的美国专利授权文本扉页和申请号为 201210105942.7 的中国发明专利申请公开扉页分别如图 2.1 和图 2.2 所示。

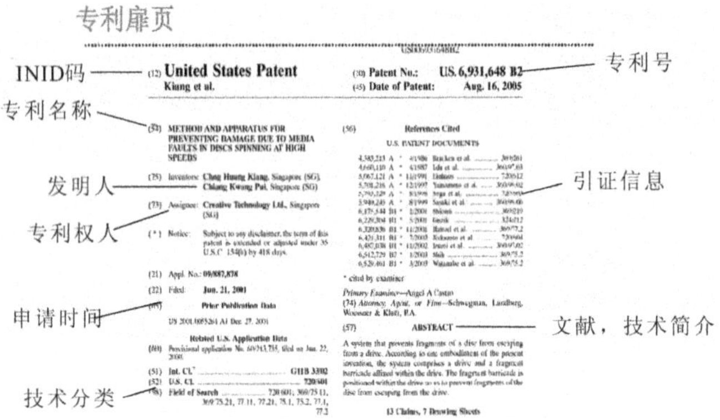

专利扉页

图 2.1　专利号为 US6931648 的美国专利授权文本扉页

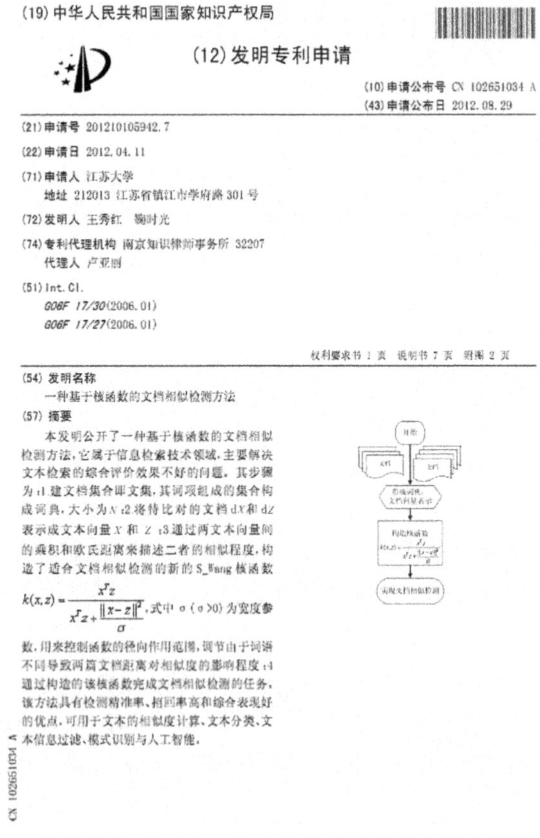

图 2.2　申请号为 201210105942.7 的中国发明专利申请公开扉页

2.2 说 明 书

说明书包括名称(标题)和正文。

正文包括技术领域、背景技术、发明内容、附图说明、具体实施方式五部分。

2.2.1 名称

发明的名称清楚、简明地反映了发明或实用新型要求保护的技术方案的主题和类型(方法、产品);名称完整包括权利要求所要保护的所有主题。例如:包含装置和该装置制造方法的申请,名称往往为"××装置及其制造方法";此外,如产品名称,或××的制造方法或××及其制造方法。名称往往不超过 25 个字,化学领域的某些发明,可以允许最多到 40 个字。但出于专利战略的考虑,大部分发明名称不像期刊论文那样将发明的创新部分体现在名称中。好多日本申请人在中国申请的专利名称为"一种装置"。这一特征使得在专利文献检索时,只从专利名称中用关键词检索,会有很多相关的文献检索不到,造成严重漏检,大大降低查全率。

2.2.2 技术领域

技术领域是按照国际分类表进行分类的,其作用是便于分类和检索。技术领域往往表述成:本发明涉及一种×××,尤其是一种具有……的×××……。技术领域写明其所属或直接应用的技术领域,而不是广义技术领域,也不是其本身。如挖掘机悬臂的改进,将长方形悬臂截面改为椭圆形,写成本发明涉及一种挖掘机,特别是涉及一种挖掘机悬臂。不写成本发明涉及一种建筑机械(上位技术领域),或涉及一种挖掘机悬臂的椭圆形截面或截面为椭圆形的挖掘机悬臂(发明本身)。

2.2.3　背景技术

背景技术部分包括以下内容：现有技术（产品、工艺方法等）存在哪些缺陷或问题；本发明以前的同类技术方案及其不足之处；本发明与上述现有的技术内容上的主要区别，技术效果上的主要不同。

描述申请人所知的，对发明的理解、检索、审查有用的现有技术。背景技术有直接记载技术内容，也有引用其他文件的方式将其中的技术内容结合记载在说明书中。引证文件包括专利文件和非专利文件。引证中国专利文件的公开日不晚于本申请的公开日，引证的非专利文件和外国专利的公开日均在本专利文献的申请日之前。引证文件往往提供标题和出处。背景技术中客观地指出了现有技术存在的问题和缺点，往往仅限于该专利文献的技术方案所能解决的问题和克服的缺点，有时会提供存在这种问题和缺点的原因以及解决这些问题时曾经遇到的困难。

2.2.4　发明内容

发明内容部分包括以下内容。

（1）本发明需要解决什么技术问题。发明所要解决的技术问题是发明要解决的现有技术中存在的技术问题（发明的目的）；是发明专利申请公开的技术方案能够解决的技术问题；是针对现有技术中存在的缺陷或不足，往往是用正面的、尽可能简洁的语言客观而有根据地反映发明要解决的技术问题，并应与技术方案所获得的效果一致或相应。

（2）解决该技术问题所采用的技术方案（一般用组分和含量表述，且区分出必要组分和可以在优化方案中添加的组分；含量往往是较大的含量范围、较好的含量范围和最佳含量，并有各个具体实施例相对应。方法：描述方法的步骤、参数；工艺条件：温度、压力、催化剂、介质等以及方法使用的专用设备，且有足够多的能确认该方法能实施的实施例）。专利文献中提供的技术方案是申请人对要解决的技术问题采取的技术措施的集合，而技术措施是由技术特征来体现的。技术方案的描述往往是使所属技术领域的技术人员能够理解，并能解决所要解决的技术问题。技术领域与权利要求所限定的相应技术方案的表述相一致。

（3）采用该技术方案取得的有益效果（如是否简化了工艺、缩短了生产周期、降低了能耗、提高了产品性能，应有数据证实）。此部分内容限于由构成发明的技术特征直接带来的或者是由这些技术特征必然产生的技术效果。往往通过对发明结构特点的分析和理论说明相结合，或者通过列出实验数据的方式予以说明，专利法不只断言发明具有有益的效果。

2.2.5　附图说明

附图说明是按照机械制图国家标准对附图的图名、图示的内容作简要说明。附图不止一幅时，对所有的附图按顺序作出说明，且每幅附图单编一个图号。有时用列表方式对附图中的具体零部件名称作说明。

2.2.6　具体实施方式

每个专利文献至少有一个具体实施方式，即具体实施例。该部分详细描述了申请人认为实现发明的优选的具体实施方式，与申请中解决技术问题所采用的技术方案相一致，且描述比权利要求和发明内容详细，是对实施方式的举例说明。

下面是申请号为201210105942.7的中国发明专利申请公开说明书内容部分。

一种基于核函数的文档相似检测方法

技术领域

[0001]　本发明涉及信息检索领域，具体说是将本发明构造的 S_Wang 核函数用于文档相似检测的方法。

背景技术

[0002]　核方法的思想是将在低维空间中一个非线性可分的问题，向高维空间转化，即映射到高维空间，使其在高维空间中变得线性可分，然后在特征空间中使用线性学习机建立优化超平面，利用高维特征空间中的内积来对低维空间的问题进行分类，从而解决问题。而转化最关键的部分在于找到输

入空间中的 x 到高维空间中的 $\varphi(x)$ 的映射方法,如何找到这个映射 φ 没有系统的方法。事实上,该映射函数往往不易找到,且不一定能显式表达。这个办法带来的困难就是计算复杂度的增加,且直接在这个特征空间作内积计算会面临一个维数灾难问题。核函数的基本作用就是接受两个低维空间里的向量输入值 x 和 z,能够计算出经过某个变换后在高维空间里的向量内积值,实现将低维空间的数据代入该函数之后可算出高维空间中的内积,从而无须寻找那个从低维空间到高维空间的具体映射。核函数的应用很好地解决了计算复杂度和维数灾难问题。

[0003] 关于核函数的描述如下:设 x 和 $z \in X$,X 属于 $R(n)$ 空间,非线性函数 Φ 实现输入空间 X 到特征空间 H(内积空间或 Hilbert 空间:H,$\langle \cdot, \cdot \rangle$)的映射($\Phi: X \to H$),其中 H 属于 $R(m)$,$n \ll m$。根据核函数技术有:

[0004] $k(x, z) = \langle \varphi(x), \varphi(z) \rangle$ (1)

[0005]   其中:$\langle, \rangle$ 为内积,$k(x, z)$ 为核函数。

[0006]   针对具体的问题,构造适合该问题的核函数是解决该领域具体非线性分类问题的关键所在,具有非常重要的意义。关于核函数的构造目前没有统一的方法。根据泛函的有关理论,只要一种核函数 k 满足 Mercer 条件,它就对应某一变换空间中的内积,满足 Mercer 条件的任意对称函数,都可以作为核函数。

[0007]   文档相似检测本质上是计算两篇文档的相似程度。每一个文档均可表示成一个向量,文档相似检测问题就转化为计算两个输入向量的相似度的问题。两篇文档相似与不相似是一个在低维空间中非线性可分的问题。将该低维空间中线性不可分的问题映射到高维空间,通过映射函数在高维特征空间的内积来计算两个输入数据之间的距离(相似性)。

[0008]   现有的关于文本处理的核方法主要有将文本视为概念体集合(set of concepts)的核,如潜在语义核(Latent Semantic Kernel,简称为 LSK){DristianiniN, Shawe——Taylor J, Lodhi H. Latent Semantic kernels[J]. JoLlrrlal of Intelligent Information Systems, 2002, 18(2-3): 127-152.},考虑了词间的潜在语义关系,虽然相似检测的召回率很高,但检测的精准率很低,导致相似检测的综合表现不高。将文本视为词包或词袋(bag of words)的核,如点积或多项式核(dot product or polynomial kernels)等。词袋核基于词的独立性假设,相似检测的召回率不高;多项式核当阶数大于 2 时会出现不平衡

特征项,且其相似计算的精准率和召回率均不高。Cauchy 核来自于 Cauchy 分布(Basak,2008),具有形式 $k(x,z)=\dfrac{1}{1+\dfrac{\parallel x-z\parallel^{2}}{\sigma}}$,其在进行文档相似检测时的精准率和召回率较差。方差分析(ANOVA)核(r 阶)确定的特征集由所有 r 阶 1 次幂单项式构成,不存在不平衡特征项和过学习现象,但其相似检测的精准率和召回率也不太高。CLA 复合核{王秀红,鞠时光.基于混合核函数的分布式信息检索结果融合[J].通信学报,2011,32(4):112-118,125.}虽然与潜在语义核和 ANOVA 核相比在相似检测的精准率和召回率上有所改进,但相似检测的精准率、召回率和综合表现仍有待提高。

发明内容

[0009] 本发明的目的在于针对文档相似检测召回率、精准率不高,综合评价表现差的缺陷,克服上述已有技术的不足,提出了一种新的核函数用以进行文档相似检测,以提高文档相似检测的精准率和综合评价表现,从而更有效地进行文档相似检测。

[0010] 实现本发明的技术方案包括如下步骤:

[0011] 1.输入及预处理步骤:构造文档集合,即文集,文集中所有的词项组成的集合为词典,大小为 N;将待比对的文档 dX 和 dZ 经过特征映射后进行向量表示成文本向量 x 和 z;

[0012] 2.核函数构造步骤:结合文档相似检测过程中的具体实际,通过两文本向量间的乘积和欧氏距离来描述二者的相似程度,从而构造适合文档相似检测的新的 S_Wang 核函数 $k(x,z)=\dfrac{x^{\mathrm{T}}z}{x^{\mathrm{T}}z+\dfrac{\parallel x-z\parallel^{2}}{\sigma}}$;

[0013] 3.相似计算步骤:通过构造的核函数计算文本的相似度,从而进行文档相似检测。

[0014] 关于本发明的核函数构造,其具体步骤如下:

[0015] (a)当词典中某一词 t_1 在某一篇文档中未出现,即对应的向量维数位置值为 0,则认为该词对两篇文档相似的贡献值为 0,如果待比对的两篇文档没有共同的词,则认为该两篇文档的相似度为 0,于是考虑利用两个行向量对应维数相乘 xz^{T} 的形式来计算其相似度,作为构造的核函数的分子:

[0016] (b)当某一词 t_i 在两篇待比对的文档中词频统计结果差值

$|tf(t_i,x)-tf(t_i,z)|$越大,表明两篇文档越不相似,该词t_i使相似程度的计算结果越小,用$\|x-z\|^2$表明两篇文档之间由于词语不同产生的欧氏距离,且将其置于构造的核函数的分母上;

[0017] (c)当两篇文档dX和dZ完全相同,则有$x=z$,此时有$\|x-z\|=0$,且有$xz^T=1$:当两篇文档完全相同的时候其相似度计算值应为1,于是考虑构造的核函数的分母形式为$xz^T+\|x-z\|^2$;

[0018] (d)用宽度参数$\sigma(\sigma>0)$来控制函数的径向作用范围,调节由于词语不同导致两篇文档距离对相似度的影响程度。

[0019] 所述的输入及预处理步骤中的特征映射为φ_1。

[0020] $\varphi_1:x\to\varphi_1(x)=[tf(t_1,x),tf(t_2,x),\cdots,tf(t_N,x)]\in\mathbf{R}^N$,

[0021] $\varphi_1:z\to\varphi_1(z)=[tf(t_1,z),tf(t_2,z),\cdots,tf(t_N,z)]\in\mathbf{R}^N$,

[0022] 当考虑词的潜在语义关系时,所述的输入及预处理步骤中的特征映射为φ_2。

[0023] $\varphi_2:x\to\varphi_2(x)=[w(t_1)tf(t_1,x),w(t_2)tf(t_2,x),\cdots,w(t_N)tf(t_N,x)]\in\mathbf{R}^N$,

[0024] $\varphi_2:z\to\varphi_2(z)=[w(t_1)tf(t_1,z),w(t_2)tf(t_2,z),\cdots,w(t_N)tf(t_N,z)]\in\mathbf{R}^N$,

[0025] 式中$w(t_1)$为词t_1的衡量词的权重的绝对尺度,$w(t_1)$具有形式

[0026] $w(t_1)=\ln\dfrac{l}{df(t_i)}$,其中$l$为文集中存在的文档个数,$df(t_i)$是包含词$t_i$的文档个数:$tf(t_i,x)$是词典中的第$i$个词$t_i$在文档$dX$中出现的频率,$tf(t_i,z)$是第$i$个词$t_i$在文档$dZ$中出现的频率,其中$i=1,2,\cdots,N$。

[0027] 以下是理论证明构建的函数可以作为核函数。

[0028] 统计学习的理论指出,根据 Hilbert-Schmidt 原理,只要一种运算满足 Mercer 条件,则可作为变换空间的内积使用,即可作为核函数。

[0029] 引理(Mercer 定理):令X是$\mathbf{R}^N$上的一个紧集,$k(x,z)$是$X\times X$上连续实值对称函数。则有:

[0030] $$\iint\limits_{X\times X}k(x,z)f(x)f(z)\mathrm{d}x\mathrm{d}z\geqslant0,\forall f\in L_2(x) \tag{2}$$

[0031] (称此为 Mercer 条件)。

[0032] (2)式等价于$k(x,z)$是一个核函数即$k(x,z)=[\varphi(x)\cdot\varphi(z)]$,

$x,z \in X$，其中 φ 为某个从 X 到 Hilbert 空间 H 的映射 $\varphi: |\rightarrow \varphi(x) \in H$，$(\bullet)$ 是 Hilbert 空间 L_2 上的内积。下面证明所构建的函数可以作为核函数（满足 Mercer 条件）。

[0033]　（1）令 $k_1(x,z) = x^\mathrm{T}z$，$k_2(x,z) = \dfrac{\|x-z\|^2}{\sigma}$，则 S_Wang 核可改写为

[0034]　$k(x,z) = \dfrac{k_1(x,z)}{k_1(x,z)+k_2(x,z)}$ 　　　　　　(3)

[0035]　（2）显然 $k_1(x,z) = x^\mathrm{T}z$ 是线性核函数，它满足当 X 是 $\mathbf{R}^N$ 上的一个紧集时，$k_1(x,z)$ 是 $X \times X$ 上的连续实值对称函数，因文档向量 x 和 z 所有元素值均为非负，所以 $k_1(x,z)$ 为非负。

[0036]　（3）$k_2(x,z) = \dfrac{\|x-z\|^2}{\sigma}$ $(\sigma > 0)$ 是 Homogeneous kernels (RBF) 径向基核函数，只依赖于距离的大小。它满足当 X 是 $\mathbf{R}^N$ 上的一个紧集时，$k_2(x,z)$ 是 $X \times X$ 上为连续实值对称函数，且因 $\sigma > 0$，所以函数为非负。

[0037]　（4）当 $x-z$ 为 0，即两篇文档 x 和 z 完全相同时，$k_2(x,z) = 0$，而此时必然有 $k_1(x,z) = x^\mathrm{T}z = 1 \neq 0$。当两篇文档完全不同时，$k_2(x,z) = 1$，而此时必然有 $k_1(x,z) = x^\mathrm{T}z = 0$。可见 (3) 式分母不可能为 0。

[0038]　综上所述，当 X 是 $\mathbf{R}^N$ 上的一个紧集时，$k(x,z) = \dfrac{x^\mathrm{T}z}{x^\mathrm{T}z + \dfrac{\|x-z\|^2}{\sigma}}$ 是 $X \times X$ 上的连续实值对称函数，且为非负。则由 Mercer 定理可推出 $\iint\limits_{X \times X} k(x,z)f(x)f(z)\,\mathrm{d}x\mathrm{d}z \geqslant 0$，$\forall f \in L_2$。于是有所构造的 $k(x,z)$ 可以作为核函数，即 $k(x,z) = [\varphi(x) \bullet \varphi(z)]$，$x,z \in X$。

[0039]　证毕。

[0040]　本发明由于构造了适于文本相似比对的 S_Wang 核函数，实现对文档的相似检测，提高了相似检测的精准率、召回率和综合评价表现。

[0041]　下面通过附图和实施例，对本发明的技术方案做进一步的详细描述。

附图说明

[0042]　图 1 是基于核函数的文档相似检测流程图。

[0043]　图 2 是不同核函数进行相似检测时在不同的文档水平上的精准率表现图。

[0044]　图 3 是四种核函数在 8 个文档水平上的平均表现图。

[0045]　图 2 中,Precision 为相似计算的精准率,Document level 为文档水平;Cauchy Kernel 为 Cauchy 核,LSK 代表潜在语义核,CLA Kernel 表示 CLA 核,S_Wang Kernel 表示本发明新构造的核函数。

[0046]　图 3 中,avg.P 为在 8 个文档水平上平均后得平均精准率,avg.R 为在 8 个文档水平上平均召回率,avg.F_1 为在 8 个文档水平上的平均综合表现;Cauchy Kernel 为 Cauchy 核,LSK 代表潜在语义核,CLA Kernel 表示 CLA 核,S_Wang Kernel 表示本发明新构造的核函数。

具体实施方式

[0047]　为了使本发明的目的、技术方案及优点更加清楚明白,结合附图及实施例,对本发明进行进一步详细说明。此处所描述的具体实施例仅仅用以解释本发明,并不用于限定本发明。

[0048]　依据如图 1 所示的基于核函数的文档相似检测流程图,本发明包括

[0049]　(1)输入及预处理步骤

[0050]　需比对相似度的两篇文档为 dX 和 dZ,统计词后具有如下内容。

[0051]

dX	A	B	C	F	P	M	B
dZ	B	C	D	G	L	D	

[0052]　有 10 篇文档构成一个文集,该文集中所有的概念词项由 A,B,C,D,E,F,G,H,I,J,K,L,M,N,O,P 构成字典,字典大小 $N=16$。则在映射 φ_1 下将待比对的两篇文本文档表示为向量 x 和 z:

[0053]

词项	t_1	t_2	t_3	t_4	t_5	t_6	t_7	t_8	t_9	t_{10}	t_{11}	t_{12}	t_{13}	t_{14}	t_{15}	t_{16}
词典(N)	A	B	C	D	E	F	G	H	I	J	K	L	M	N	O	P
$tf(t_i,x)$	1	2	1	0	0	1	0	0	0	0	0	0	1	0	0	1
$tf(t_i,z)$	0	1	1	2	0	0	1	0	0	0	0	1	0	0	0	0

[0054] 考虑词间的潜在语义关系,将待比对的文档 dX 和 dZ 经过特征映射后表示成向量 x 和 z,其中

[0055] $\varphi_1 : x \rightarrow \varphi_1(x) = [tf(t_1,x), tf(t_2,x), \cdots, tf(t_N,x)] \in \mathbf{R}^N$

[0056] $\varphi_1 : z \rightarrow \varphi_1(z) = [tf(t_1,z), tf(t_2,z), \cdots, tf(t_N,z)] \in \mathbf{R}^N$

[0057] $tf(t_i,x)$ 是词典中的第 i 个词 t_i 在文档 dX 中出现的频率,$tf(t_i,z)$ 是第 i 个词

[0058] t_i 在文档 dZ 中出现的频率,其中 $i=1,2,\cdots,16$。

[0059] 文本文档 dX 和 dZ 向量表示后分别为:$x=(1210010000001001)$ 和 $z=(0112001000010000)$。

[0060] (2)核函数构造步骤

[0061] (a)词典中 D、G 和 L 三个词在文档 dX 中未出现,其对应的向量维数位置值为 0;词典中 A、M 和 P 三个词在文档 dZ 中未出现,其对应的向量维数位置值为 0;A、G、L、M 和 P 对两篇文档相似的贡献值为 0;如果待比对的两篇文档没有共同的词,则认为该两篇文档的相似度为 0。用两个行向量对应维数相乘 xz^T 的形式来计算其相似度,作为构造的核函数的分子;

[0062] (b)词 t_4 即 D 在两篇待比对的文档中词频统计结果差值大 $|2-0|=2$,其他词 A、B、F、G、L、M 和 P 在两篇待比对的文档中词频统计结果差值为 1,词 C 在两篇文档中同时都出现了 1 次,其词频统计结果差值为 0。词频统计结果差值 $|tf(t_1,x)-tf(t_1,z)|$ 越大,表明两篇文档越不相似;$tf(t_4,x)-tf(t_4,z)|$ 最大,词 t_4 最能使相似程度的计算结果偏小。用 $\|x-z\|^2$ 表明两篇文档之间由于词语不同产生的欧氏距离,且将其置于构造的核函数的分母上。

[0063] (c)当两篇文档 dX 和 dZ 完全相同,则有 $x=z$,此时有 $\|x-z\|=0$,且有 $xz^T=1$;当两篇文档完全相同的时候其相似度计算值应为 1,于是考虑构造的核函数的分母形式为 $xz^T + \|x-z\|^2$;

[0064] (d)用宽度参数 $\sigma(\sigma>0)$ 来控制函数的径向作用范围,调节由于词语不同导致两篇文档距离对相似度的影响程度,此处取 $\sigma=1$。

[0065] 得构造的 S_Wang 核函数为 $k(x,z)=\dfrac{x^T z}{x^T z + \|x-z\|^2}$,该例中相似度计算值为 $k(x,z)=\dfrac{x^T z}{x^T z + \|x-z\|^2}=\dfrac{3}{3+11}\approx 21.43\%$。

[0066]　(3)相似计算步骤

[0067]　通过构造的核函数计算文本的相似度,从而进行文档相似检测。

[0068]　采用 50 个 TREC ad hoc 主题 251300 个文档,包括 AP88,CR93,FR94,FT91-94,WSJ90-92 以及 ZF 等中的文档构成文集,文集中的词构成的字典大小为 N_0。

[0069]　考虑到词的潜在语义关系,实验中从文本到向量的变换采用如下映射:

[0070]　$\varphi_2 : x \rightarrow \varphi_2(x) = [w(t_1)tf(t_1,x), w(t_2)tf(t_2,x), \cdots, w(t_N)tf(t_N,x)] \in \mathbf{R}^N$,

[0071]　$\varphi_2 : z \rightarrow \varphi_2(z) = [w(t_1)tf(t_1,z), w(t_2)tf(t_2,z), \cdots, w(t_N)tf(t_N,z)] \in \mathbf{R}^N$,

[0072]　式中 $w(t_1)$ 为词 t_1 的衡量词的权重的绝对尺度,具有形式 $w(t_i) = \ln\frac{l_0}{df(t_i)}$；$df(t_i)$ 是包含词 t_i 的文档个数；$tf(t_i,x)$ 是词典中的第 i 个词 t_i 在文档 dX 中出现的频率,$tf(t_i,z)$ 是第 i 个词 t_i 在文档 dZ 中出现的频率,其中 $i = 1,2,\cdots,N_0$。

[0073]　对文集进行了随机划分,训练、测试的数据比例是 3：1,线性学习器采用 LibSVM。评估了 4 种核函数,包括潜在语义核(LSK)、Cauchy 核(Cauchy Kernel)、CLA 复合核(CLA Kernel)以及本发明提出的 S_Wang 核函数(S_Wang Kernel)。实验是在 8 个文档水平(top 5, top 10, top 15, top 20, top 25, top 30, top 50, top 100)上进行。这里所说的文档水平是指经过融合排序后的结果,称排在最前面的 n 个文档(top n)为一个文档水平作为实验验证有效性的对象。

[0074]　实验评价指标采用典型的信息检索评价指标包括精准率(Precision)、召回率(Recall)和综合评价指标 F_1,具体算法为:

[0075]　精准率 $P = \dfrac{\text{检索到的相关文档数}}{\text{检索到的相关文档数} + \text{检索到的不相关的文档数}}$

[0076]　召回率 $R = \dfrac{\text{检索到的相关文档数}}{\text{检索到的相关文档数} + \text{相关但系统没有检索到的文档数}}$

[0077]　综合评价指标 $F_\beta = \dfrac{(1+\beta)^2 \cdot P \cdot R}{\beta^2(P+R)}$

[0078]　考虑到结果融合中召回率和精准率同等重要,本实施例中综合

评价指标中的参数 β 取 1,得 F_1 指标。将检索的召回率和精准率视为同等重要,故在 CLA 核中系数 $\delta_1=0.5$。最终得用不同核函数进行文档相似检测的效果如表 2.1 所示。其中 P 表示相似检测的精准率,R 表示相似检测的召回率。

［0079］ 利用不同的核函数进行相似检测的精准度、召回率以及 F_1 实验结果数据表

［0080］

表 2.1

		top 5	top 10	top 15	top 20	top 25	top 30	top 50	top 100
Cauchy	P	0.2902	0.2719	0.2505	0.2401	0.2267	0.207	0.1811	0.1541
Kernel	R	0.809	0.7967	0.7813	0.7702	0.766	0.7534	0.7477	0.7265
$\sigma=1$	F_1	0.4272	0.4054	0.3914	0.3658	0.3499	0.3248	0.2916	0.2543
LSK	P	0.2414	0.2188	0.2026	0.1902	0.1821	0.1709	0.1582	0.1395
	R	0.9845	0.9778	0.9633	0.9512	0.939	0.9212	0.9019	0.8816
	F_1	0.3877	0.3575	0.3348	0.317	0.305	0.2883	0.2692	0.2409
CLA	P	0.3252	0.2912	0.2734	0.2559	0.241	0.2199	0.1983	0.1577
Kernel	R	0.8792	0.8603	0.8445	0.8267	0.8189	0.8103	0.7945	0.7753
	F_1	0.4748	0.4356	0.4132	0.3908	0.3724	0.3459	0.3174	0.2621
S_Wang	P	0.3561	0.326	0.304	0.281	0.2645	0.241	0.2093	0.1698
Kernel	R	0.9079	0.89	0.8678	0.849	0.8333	0.826	0.8032	0.7844
$\sigma=1$	F_1	0.5116	0.4772	0.4503	0.4222	0.4015	0.3731	0.332	0.2792

［0081］ 通过对不同的核函数其相似度计算精准率实验结果进行作图分析,如图 2 所示。

［0082］ 从图 2 可以看出 8 个不同文档水平上进行文本相似度计算的精准率表现表明 S_Wang 核在 top 5,top 10,top 15,top 20,top 25,top 30,top 50 以及 top 100 这 8 个文档水平(document level)上,其精度分别达到 0.3561、0.326、0.304、0.281、0.2645、0.241、0.2093 及 0.1698,均分别大于其余 3 个核函数在对应的文档水平上的相似度计算精准率。

[0083] 分别将 4 个核函数在相似度计算中的精准率、召回率和综合表现 F_1 在 8 个文档水平上平均后得平均精准率 avg.P，平均召回率 avg.R 和平均综合表现 avg.F_1，比较不同核函数的相似度计算表现，结果如图 3 所示。

[0084] 从图 3 中可以看出，S_Wang 核用于文档相似检测时有很好的精准率、较好的召回率以及突出的综合评价表现。S_Wang 核的平均召回率为 0.8452，虽不及 LSK，但均高出 Cauchy Kernel($\sigma=1$) 和 CLA 复合核；S_Wang 核在精准率上明显高于其他核方法，其平均精度达 0.26896，比 Cauchy Kernel($\sigma=1$) 高出 18.12%，比潜在语义核(LSK)高出 43.09%，比 CLA 复合核高出 9.63%。S_Wang 核的综合表现 F_1 优势明显，高达 0.4059，比 Cauchy Kernel($\sigma=1$)、潜在语义核(LSK)、CLA 复合核分别提高了 15.54%、29.87% 和 7.8%。

[0085] 以上所述仅为本发明的较佳实施例而已，并不用以限制本发明，凡在本发明的精神和原则之内所作的任何修改、等同替换和改进等，均应包含在本发明的保护范围之内。

2.3　权利要求书

权利要求书为专利申请文件的核心部分，是判断侵权的依据，具有法律效应。"权利要求书应当以说明书为依据，清楚、简要地限定要求专利保护的范围。"[《中华人民共和国专利法》(以下简称《专利法》)第二十六条第四款]，只记载技术特征，往往不对原因或理由作不必要的描述。

按照权利要求的内容，即按照要求保护的对象或主题划分，权利要求分为产品权利要求、方法权利要求。产品权利要求用形状、结构、组成等技术特征描述；方法权利要求用工艺过程、操作条件、步骤或流程等技术特征描述。

按照权利要求的形式划分，即按照保护主题和撰写形式划分，权利要求分为独立权利要求、从属权利要求。

独立权利要求往往采用两段式写法，包括前序部分和特征部分。前序部分：写明了要求保护的发明的主题名称加连接词，和发明主题与最接近现有技术共有的必要技术特征；特征部分：使用"其特征是……"、"其特征在于……"或者类似的用语,写明了本发明区别于最接近的现有技术的技术特征,也就是对现有技术作出贡献的、新的或者改进的技术特征。这些特征与前序部分的特征一起限定发明的保护范围。但对于发明创造内容是开拓性发明、用途发明或化学物质发明、难分主次发明点在于组合的组合发明、方法或产品的改进发明(其改进之处在于省略步骤或部件)的情况,其独立权利要求不采用两段式。

从属权利要求具有重要作用。

在审查中,可以作为修改的基础,当独立权利要求缺乏新颖性、创造性时,可以将对应的从属权利要求的技术特征加入独立权利要求中,缩小保护范围,获得授权的可能。对于同一个专利申请形成的专利文献,申请公开阶段的专利文本与授权后的文本可能会存在差异,包括权利要求方面的将从属权利要求的技术特征加入独立权利要求中的情况。

无效宣告程序中,合并从属权利要求,缩小保护范围,是避免被宣告无效的常用手段。实用新型由于不经过实质审查就直接授权,导致授权后权利的不稳定,容易被无效。

从属权利要求常常界定了某些具体的或者有商业价值的实施方式,而独立权利要求为了获得较大的保护范围,往往写得比较概括,直接将侵权产品和某些从属权利要求对比,将使侵权行为变得更为清楚。

权利要求作为授权后解释专利权保护范围的法律依据。保护范围与侵权判断一般原则如下。

当某项产品(或方法)具备了权利要求的全部技术特征的时候,认为落入该权利要求的保护范围之中,即构成侵权。

如当某项产品(或方法)的技术特征为:

A,B,C,D——落入权利要求1的范围,侵权。

A,B,C——不落入权利要求1的范围,不侵权。

等于或多于权利要求的技术特征,构成侵权;反之,不侵权。

一项权利要求的特征越少,其保护范围越宽。

申请号为201210105942.7的专利申请公开的权利要求书的内容如下。

1.一种基于核函数的文档相似检测方法,其特征包括以下步骤。

输入及预处理步骤:构造文档集合,即文集,文集中所有的词项组成的集合为词典,大小为N;将待比对的文档dX和dZ经过特征映射后进行向量表

示成文本向量 x 和 z;

核函数构造步骤:结合文档相似检测过程中的具体实际,通过两文本向量间的乘积和欧氏距离来描述二者的相似程度,从而构造适合文档相似检测的新的 S_Wang 核函数 $k(x,z) = \dfrac{x^{\mathrm{T}}z}{x^{\mathrm{T}}z + \dfrac{\|x-z\|^2}{\sigma}}$;

相似计算步骤:通过构造的核函数计算文本的相似度,从而进行文档相似检测。

2.如权利要求 1 所述的基于核函数的文档相似检测方法,其特征在于所述的核函数构造步骤具体如下。

(a)当词典中某一词 t_i 在某一篇文档中未出现,即对应的向量维数位置值为 0,则认为该词对两篇文档相似的贡献值为 0,如果待比对的两篇文档没有共同的词,则认为该两篇文档的相似度为 0,于是考虑利用两个行向量对应维数相乘 xz^{T} 的形式来计算其相似度,作为构造的核函数的分子;

(b)当某一词 t_i 在两篇待比对的文档中词频统计结果差值 $|tf(t_i,x) - tf(t_i,z)|$ 越大,表明两篇文档越不相似,该词 t_i 使相似程度的计算结果越小,用 $\|x-z\|^2$ 表明两篇文档之间由于词语不同产生的欧氏距离,且将其置于构造的核函数的分母上;

(c)当两篇文档 dX 和 dZ 完全相同,则有 $x=z$,此时有 $\|x-z\|=0$,且有 $xz^{\mathrm{T}}=1$;

当两篇文档完全相同的时候其相似度计算值应为 1,于是考虑构造的核函数的分母形式为 $xz^{\mathrm{T}} + \|x-z\|^2$;

(d)用宽度参数 $\sigma(\sigma>0)$ 来控制函数的径向作用范围,调节由于词语不同导致两篇文档距离对相似度的影响程度。

3.如权利要求 1 所述的基于核函数的文档相似检测方法,其特征在于所述输入及预处理步骤中的的特征映射为 φ_1。

$\varphi_1 : x \to \varphi_1(x) = [tf(t_1,x), tf(t_2,x), \cdots, tf(t_N,x)] \in \mathbf{R}^N$,

$\varphi_1 : z \to \varphi_1(z) = [tf(t_1,z), tf(t_2,z), \cdots, tf(t_N,z)] \in \mathbf{R}^N$。

4.如权利要求 1 所述的基于核函数的文档相似检测方法,其特征在于所述输入及预处理步骤中的特征映射为 φ_2。

$$\varphi_2:x \to \varphi_2(x)=[w(t_1)tf(t_1,x),w(t_2)tf(t_2,x),\cdots,w(t_N)tf(t_N,x)] \in \mathbf{R}^N,$$

$$\varphi_2:z \to \varphi_2(z)=[w(t_1)tf(t_1,z),w(t_2)tf(t_2,z),\cdots,w(t_N)tf(t_N,z)] \in \mathbf{R}^N,$$

式中 $w(t_i)$ 为词 t_i 的衡量词的权重的绝对尺度。

5.如权利要求 2 或 3 或 4 任一权利要求中所述的基于核函数的文档相似检测方法,其特征在于所述的 $tf(t_i,x)$,是词典中的第 i 个词 t_i 在文档 dX 中出现的频率,所述的 $tf(t_i,z)$ 是第 i 个词 t_i 在文档 dZ 中出现的频率,其中 $i=1,2,\cdots,N$。

6.权利要求 4 所述的基于核函数的文档相似检测方法,其特征在于所述的 $w(t_i)$ 具有形式 $w(t_i)=\ln \dfrac{l}{\mathrm{d}f(t_i)}$,其中 l 为文集中存在的文档个数,$\mathrm{d}f(t_i)$ 是包含词 t_i 的文档个数,$i=1,2,\cdots,N$。

2.4　说明书附图

对于装置类的发明,《专利法》规定必须有说明书附图来展示其结构。专利文献说明书附图有多种形式:机械领域的发明创造说明书附图,往往采用各种视图反映产品的形状和结构;电器领域的发明创造说明书附图,往往是电路图、框图、示意图;化学领域的发明创造说明书附图,往往为化学结构式;方法发明说明书附图,往往包括该方法各步骤的工艺流程图。

附图符合机械制图国家标准,使用绘图工具(或电脑绘图),用黑色墨水绘制,线条均匀清晰,图面不着色,图周围不加框线,不标注比例和尺寸数据。

附图的大小和清晰度是保证图缩小到 $4\mathrm{cm} \times 6\mathrm{cm}$ 时,仍能清晰地分辨出图中的各个细节,并符合照相制版的要求。

同一专利申请的几幅附图,用阿拉伯数字按顺序编号,用"图"的形式来表示;有多页附图的,采用阿拉伯数字连续编写页码。

摘要附图为说明书附图中的一幅,且为最能体现发明的创造性所在的一幅。

图 2.3 是申请号为 201210105942.7 的说明书附图。

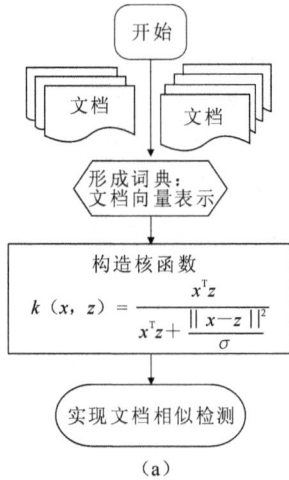

（a）

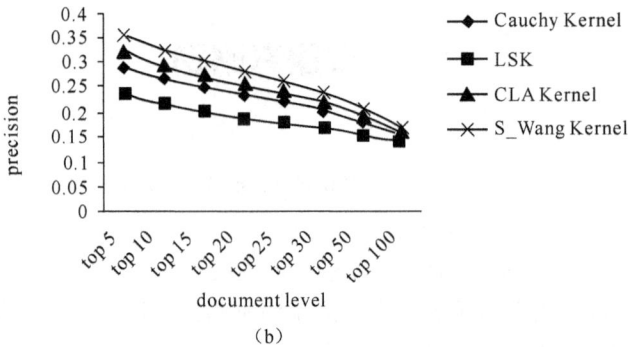

（b）

图 2.3　申请号为 201210105942.7 的说明书附图

2.5　摘　　要

专利文献的摘要不具有法律效力。摘要不属于原始公开的内容,不能用来解释专利权的保护范围,主要用于报道。

专利文献的摘要内容包括:发明名称、所属技术领域、所要解决的技术问题、解决该问题的技术方案的要点以及主要用途。摘要文字部分不超过 300个字,如图 2.1 和图 2.2 所示。

2.6 专利检索报告

专利检索报告又称专利权评价报告,如图 2.4 所示。

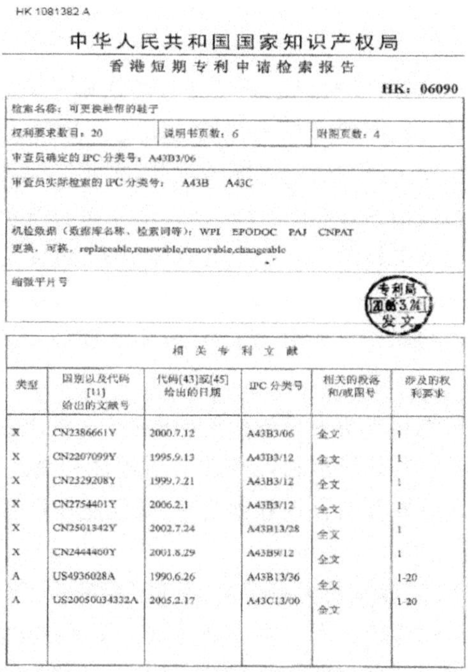

HK 1081382 A

中华人民共和国国家知识产权局

香港短期专利申请检索报告

HK：06090

检索名称：可更换鞋帮的鞋子		
权利要求数目：20	说明书页数：6	附图页数：4
审查员确定的 IPC 分类号：A43B3/06		
审查员实际检索的 IPC 分类号： A43B A43C		

机检数据（数据库名称、检索词等）：WPI EPODOC PAJ CNPAT
更换，可换：replaceable,renewable,removable,changeable

缩微平片号

专利局
2006.3.24
发文

相 关 专 利 文 献

类型	国别以及代码[11]给出的文献号	代码[43]或[45]给出的日期	IPC 分类号	相关的段落和/或图号	涉及的权利要求
X	CN2386661Y	2000.7.12	A43B3/06	全文	1
X	CN2207099Y	1995.9.13	A43B3/12	全文	1
X	CN2329208Y	1999.7.21	A43B3/12	全文	1
X	CN2754401Y	2006.2.1	A43B3/12	全文	1
X	CN2501342Y	2002.7.24	A43B13/28	全文	1
X	CN2444460Y	2001.8.29	A43B9/12	全文	1
A	US4936028A	1990.6.26	A43B13/36	全文	1-20
A	US20050034332A	2005.2.17	A43C13/00	全文	1-20

图 2.4 专利检索报告

作为检索结果的对比文献,专利检索报告蕴含了发明申请与现有技术的相关程度。专利检索报告通常采用两种不同的方式对检索的结果进行对比分析:一种方法是在查得的对比文献列表上,增加一列表示对比文献与发明相关性的栏目,通过使用赋予定义的标识符反映两者相关性的密切程度,这就是用"列表式"表达检索结论的形式;参照 PCT 的规定,采用英文字母作为标识符表示对比文献与发明申请的相关程度,每一种关系类型均使用一个英文字母加以标志,具体如下。

"X"表示单独影响权利要求的新颖性或创造性的文件;"Y"表示与该检索报告中其他 Y 类文件组合影响权利要求创造性的文件;"R"表示在申请日或申请日后公开的同一申请人的属于同样发明创造的专利或专利申请文件以及他人在申请日前向专利局提交的、属于同样发明创造的专利申请文件;"A"表示背景技术文件,即反映权利要求的部分技术特征或者现有技术一部分的文件;"E"表示单独影响权利要求新颖性的抵触申请文件;"P"表示其公开日在申请的申请日与所要求的优先权日之间的文件,或者需要核实该申请优先权的文件。

另一种方法则是在列表式结论表述方式的基础上,用文字形式对检索结果进行对比分析,最后得出两者相关程度的结论。文字式检索结论是进一步用文字叙述、分析对比文献与发明的相关程度,在此基础上得出专利申请是否具有新颖性、创造性的结论,通常包括以下几个方面的内容。

(1)描述作为对比文献的相关文献的总体情况,对发明申请的现有技术背景作一个概貌性介绍;

(2)对数据库或检索工具书检索命中相关文献的情况进行简单、扼要的描述;

(3)根据对比文献和发明申请的相关程度,将其划分成密切相关文献和一般相关文献两大类别:凡是能单独影响发明新颖性和创造性的称为密切相关文献,而仅能部分影响发明新颖性和创造性,或仅能提供发明技术背景的对比文献称为一般相关文献。

判断发明或者实用新型有无新颖性,是以《专利法》第二十二条第二款为基准,并将发明申请的各项权利要求分别与每一项现有技术或申请在先、公布在后的发明或实用新型的相关技术内容单独进行比较,确定发明申请是否具有新颖性。

根据《专利法》,判断发明新颖性的原则如下。

(1)同样的发明或实用新型发明或者实用新型与现有技术或者申请日前由他人向专利局提出申请并在申请日后(含申请日)公布的发明或者实用新型的相关内容相比,如果其技术领域、所解决的技术问题、技术方案和预期效果实质上相同,则认为两者为同样的发明或者实用新型。如果要求保护的发明或者实用新型与对比文献所公开的技术内容完全相同,或者仅仅是简单的文字变换,则该发明或者实用新型被认为不具备新颖性。

(2)具体(下位)概念与一般(上位)概念。如果要求保护的发明或者实用新型与对比文献相比,其区别仅在于前者采用一般(上位)概念,而后者采用具体(下位)概念限定同类性质的技术特征,则具体(下位)概念的公开使采用一般(上位)概念限定的发明或者实用新型丧失新颖性。

(3)惯用手段的直接置换。如果要求保护的发明或者实用新型与对比文献的区别仅仅是所属技术领域惯用手段的直接置换,则该发明或者实用新型不具备新颖性。

(4)数值和数值范围。如果要求保护的发明或者实用新型在其余特征相同的条件下存在以数值或者连续变化的数值范围限定的技术特征,则有:如果对比文献公开的数值或者数值范围落在上述限定的技术特征数值范围内,将破坏要求保护的发明或者实用新型的新颖性;对比文献公开的数值范围与上述限定的技术特征的数值范围部分重叠或者有一个共同的端点,将破坏要求保护的发明或者实用新型的新颖性;对比文献公开的数值范围的两个端点将破坏上述限定的技术特征为离散数值并且具有该两端点中任一个的发明或者实用新型的新颖性,但不破坏上述限定的技术特征为该两端点之间任一数值的发明或者实用新型的新颖性;上述限定的技术特征的数值或者数值范围落在对比文献公开的数值范围内,并且与对比文献公开的数值范围没有共同的端点,则对比文献不破坏要求保护的发明或者实用新型的新颖性。按照以上述及的发明新颖性判断基准和原则,在分析、比较单篇对比文献与发明主题的基础上,作出发明申请是否有专利性或哪些部分具有新颖性的判断。

根据《专利法》,发明创造性判断原则如下:与申请日以前已有的技术相比,该发明是否具有突出的实质性特点和显著的进步。

(1)已有技术不包括在申请日以前由他人向专利局提出过申请并且记载在申请日以后公布的专利申请文件中的内容。

(2)突出的实质性特点,是指对所属技术领域的技术人员来说,发明相对于现有技术是显而易见的。如果发明是所属技术领域的技术人员在现有技术的基础上仅仅通过合乎逻辑的分析、推理或者有限的试验可以得到的,则该发明是显而易见的,也就不具备突出的实质性特点。

(3)显著的进步,是指发明与现有技术相比能够产生有益的技术效果。例如,某发明克服了现有技术中存在的缺点和不足,或者为解决某一技术问题提供了一种不同构思的技术方案,或者代表某种新的技术发展趋势。

一个授权的专利文献,其中所描述的技术特征,往往是满足《专利法》所规定的新颖性、创造性的要求的。

2.7 专利文献中的各种信息及其作用

专利信息是指以专利文献作为主要内容或以专利文献为依据,经分解、加工、标引、统计、分析、整合和转化等信息化手段处理,并通过各种信息化方式传播而形成的与专利有关的各种信息的总称。

专利信息包括技术信息、法律信息、经济信息、著录信息和战略信息。

(1)技术信息。

技术信息是指在专利说明书、权利要求书、附图和摘要等专利文献中披露的与该发明创造技术内容有关的信息,以及通过专利文献所附的检索报告或相关文献间接提供的与发明创造相关的信息。

(2)法律信息。

法律信息是指在权利要求书、专利公报及专利登记簿等专利文献中记载的与权利保护范围和权利有效性有关的信息。其中,权利要求书用于说明发明创造的技术特征,清楚、简要地表述请求保护的范围,是专利的核心法律信息,也是对专利实施法律保护的依据。其他法律信息包括:与专利的审查、复审、异议和无效等审批确权程序有关的信息,与专利权的授予、转让、许可、继承、变更、放弃、终止和恢复等法律状态有关的信息等。

(3)经济信息。

在专利文献中存在着一些与国家、行业或企业经济活动密切相关的信息,这些信息反映出专利申请人或专利权人的经济利益趋向和市场占有欲,称为经济信息。例如,有关专利的申请国别范围(同族专利)和国际专利组织专利申请的指定国范围的信息;专利许可、专利权转让或受让等与技术贸易有关的信息等;与专利权质押、评估等经营活动有关的信息,这些信息都可以看作是经济信息。竞争对手可以通过对专利经济信息的监视,获悉对方经济实力及研发能力,掌握对手的经营发展策略,以及可能的潜在市场等。

(4)著录信息。

著录信息是指与专利文献中的著录项目有关的信息。例如,专利文献著录项目中的申请人、专利权人和发明人或设计人信息,专利的申请号、文献号和国别信息,专利的申请日、公开日和/或授权日信息,专利的优先权项和专利分类号信息,以及专利的发明名称和摘要等信息。著录项目源自图书情报学,用于概要性地表现文献的基本特征。专利文献著录项目既反映专利的技术信息,又传达专利的法律信息和经济信息。

(5)战略信息。

战略信息是指经过对上述四种信息进行检索、统计、分析、整合而产生的具有战略性特征的技术信息和/或经济信息。例如,通过对专利文献的基础信息进行统计、分析和研究所给出的技术评估与预测报告和"专利图"等。

专利文献中本身的信息特征主要包括专利技术信息特征、专利法律信息特征、表示专利文献外在特征的信息特征三个方面的特征。

(1)专利技术信息特征。

专利技术信息特征表示某一技术领域内的新发明创造;某一特定技术的发展历史;某一技术关键的解决方案(通常为产品、方法、设备、用途等方面的解决方案);一项申请专利的发明创造的所属技术领域;一项申请专利的发明创造的技术主题;关于一项申请专利的发明创造的内容提要等。

(2)专利法律信息特征。

专利法律信息特征表示一项申请专利的发明创造是否获得专利权;一件专利的权利范围;一件专利的地域效力;一件专利的时间效力;一件专利的权利人等。

法律状态信息项目主要有实质审查请求生效、申请的撤回、申请的视为撤回、申请的驳回、授权、专利权的视为放弃、主动放弃专利权、专利权的恢复、专利权无效、专利权在期限届满前终止、专利权届满终止等。

(3)表示专利文献外在特征的信息特征。

表示专利文献外在特征的信息特征表示从专利说明书扉页和检索报告中获得的表明发明创造名称、发明人、文献号、出版机构、出版日期等外表形式特征,以及从文献整体上获得的关于专利说明书页数、权利要求项数、附图数量等物质形态特征。

2.8　国际专利分类号 IPC

国际专利分类法的组成如表 2.2 所示。

表 2.2

A	01	B	1/00 或 1/02	
部 Section	大类 Class	小类 Sub-class	组	
			大（主）组 Main-group	小（分）组 Sub-group

（1）八大部。

A：人类生活必需（农业、轻工业、医药业）；

B：作业、运输；

C：化学、冶金；

D：纺织、造纸；

E：固定建筑物；

F：机械工程、照明、采暖、武器、爆破；

G：物理；

H：电学。

（2）大类。

每一个部分成许多大类。大类类号由部的类号及在其后加上两位数字组成，如 A01、B02、C06 等。

（3）小类。

每个大类包括一个或多个小类。小类类号由大类类号加上一个大写的字母组成，如 A01B、B02C、C06F 等。

（4）组。

每一个小类细分成许多组，包括大组和小组。每个组（大组或小组）的类号由小类类号加上用"/"分开的两部分数字组成。大组的类号由小类类号加上一个一位到三位的数及"/00"组成。小组的类号由小类类号加上一个一位到三位数,后面跟着一个"/"符号,再加上一个除"00"以外的至少有两位的数组成。

专利分类的目的和意义:便于管理、查找、使用;在各种检索中的使用;可进行选择性报道;是对某一技术领域进行调研的基础;是进行专利统计、评价的基础。

2.9 专利文献阅读的重要性

世界知识产权组织(WIPO)有关统计表明:若能在研究开发的各个环节中充分运用专利文献,则能节约 40% 的科研开发经费,同时少花 60% 的研究开发时间。

专利文献阅读对政府机构的意义主要体现在以下几个方面。

(1)制订宏观科技发展规划。

政府机构对专利文献的利用主要体现在宏观专利战略的制定上。利用各国专利局与世界知识产权组织公布的有关专利的统计数字,经过分析与研究其中的专利技术信息与专利法律信息,人们可以系统地了解与掌握各个特定技术领域的专利活动情况。

(2)制定经济对策。

利用专利文献,对于维护我国国民经济的整体素质和国际竞争力,以及国家主权和经济安全也有深刻影响。重大技术领域的专利申请被外国人占领的形势十分严峻,作为国家的政府部门,必须利用专利信息研究。

(3)依法审批专利。

国家知识产权局对受理的发明专利申请必须进行专利性检索,其中,必须进行系统的专利文献检索。而且对受理的三种专利(发明、实用新型、外观设计)涉及复审、无效等诉讼案件也要进行专利文献检索。

(4)指导产品技术进出口贸易。

引进技术中专利技术占有相当大的比重,产品和技术走向世界,打入国际市场;利用专利文献中的专利技术、法律与经济信息来维护我国的合法权益;避免国外不法商人乘机钻空子,用假冒专利、过期专利、无效与失效专利骗取我方专利许可使用费,从而蒙受不必要的损失。

专利文献阅读对工业企业的意义主要体现在以下几个方面:企业在技术引进中、技术引进决策立项中、技术引进项目合同签署中、技术引进实施中以及引进技术创新等各个环节中均涉及专利文献的阅读和应用。此外,在企业技术与产品出口中涉及专利文献的分析及应用,在处理专利纠纷过程中也需利用专利文献。

专利申请前相关检索的重要性如图 2.5 所示。

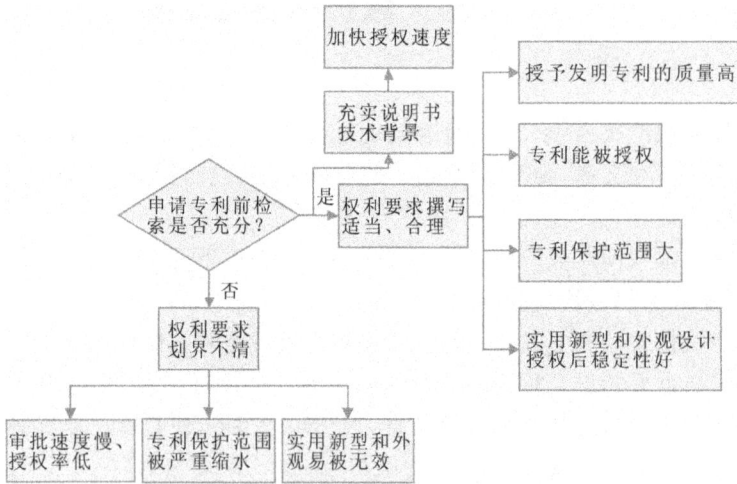

图 2.5　专利申请前相关检索的重要性

2.10　各类专利信息检索及其应用

专利信息检索是从事专利文献工作的人们在其长期工作中概括出来的一种特指查找专利资料活动的术语。在科研课题立项、技术难题的攻关、新产品的开发、最新发明创造申请专利、国外技术的引进、专利侵权纠纷的处理、了解竞争对手的情况之前,用户首先该做的事就是查找专利信息。

(1)专利信息检索种类。

专利信息检索种类是按照检索人要达到的目的来划分的。根据不同的检索目的,专利信息检索可分为专利技术信息检索、新颖性检索、创造性检索、侵权检索、专利法律状态检索、同族专利检索、技术贸易检索等种类。其中：

新颖性检索是指专利申请人、代理人在申请专利之前为确定申请专利的发明创造是否具有新颖性,对各种公开出版物进行的检索,其目的就是为判断新颖性提供依据。其关键是确定发明点、创新点、关键技术或核心技术,选择合适的关键词或分类。

侵权检索又分为防止侵权检索和被动侵权检索。

①防止侵权检索。

在一项新的工业生产活动(如准备生产一种新产品,或准备在某一生产过程中采用一种新方法或新工艺)开始之前,为防止该项新的工业生产活动侵犯别人的专利权,以免发生专利纠纷,人们要进行防止侵权检索。

a. 防止侵权检索的要点。

(a)检索的对象;

(b)检索的时间范围(不同国家有所区别);

(c)检索的国家范围;

(d)检索结果的判断依据。

b. 防止侵权检索的方法。

防止侵权检索的方法与新颖性检索的方法有许多相似(不同只是对象是专利文献)之处。从专利信息检索的基本种类上说,它属于主题检索,即从新产品、新工艺入手,根据其技术特征先进行主题分类,然后进行检索,查找相同、相近或同类主题的专利文献。

②被动侵权检索。

当侵权人不知道其生产的某项新产品或采用的某项新工艺、新方法是有效专利而被别人指控侵权时,为证实自己确属侵权与否,以及为寻求被动侵权的自我保护,用户要进行被动侵权检索。

被动侵权检索的方法:被动侵权检索与防止侵权检索的方法有些不同。被动侵权检索首先是通过已获得的某一专利信息特征,检索被侵权的专利文献。这近似于著录项目检索,然后作是否有效专利、是否侵权和为无效诉讼准备等判断或检索。

其他各种检索包括法律状态检索、同族专利检索等。

(2)专利信息检索的应用。

①当为科研开题搜集技术信息时,选择专利技术信息检索。

②为解决技术攻关中的难题而查找参考资料时,选择专利技术信息追溯检索。

③当为开发新产品、新技术而查找参考技术信息或专利项目时,选择专利技术信息的追溯检索或名称检索。

④当开发出新产品准备投放市场时,为避免新产品侵犯别人的专利权,选择防止侵权检索。

⑤当有了发明构思或获得新的发明创造时,保护自身的利益准备申请专利时,为保证能够获得专利权,选择新颖性检索。

⑥当进行技术贸易、引进国外专利技术时,进行专利有效性检索或技术引进检索。

⑦当产品出口时,选择防止侵权检索和专利地域效力检索。

⑧当被告侵权时,为保护自己的利益"反诉"专利权无效时,选择被动侵权检索。

2.11　专利分析与专利图

专利分析的目的主要体现在以下几个方面。

(1)配合集团战略制定知识产权发展战略:了解竞争对手的专利布局;制定本公司专利申请、防御和预警战略。

(2)IP 的资产经营:评估公司已申请专利价值,确定放弃还是继续持有;评估外部专利价值,是购买还是自主研发。

(3)知识产权自主创新:鼓励研发人员读专利,激励创新,避免重复研究。

利用专利文献对专利技术进行分析,形成各样的专利图。专利图包括雷达图、专利地图、引证图等,具体包括以下几个方面的目的和用途。

(1)品牌特色挖掘。

利用雷达图进行品牌特色挖掘,雷达图如图 2.6 所示,见彩插。

(2)技术的演变(集成电路领域)。

ASML 公司技术分布如图 2.7 所示,见彩插。

(3)专利地图。

专利地图如图 2.8 所示,见彩插。

(4)技术的归类。

通过专利地图,可以了解技术与竞争关系、技术总体状况、主题归类、专利技术随时间发展情况、竞争状态等。塔式起重机的技术归类图如图 2.9 所示,见彩插。

(5)确定研发方向,避免侵权。

技术规避专利图如图 2.10 所示,见彩插。

(6)公司并购分析。

公司并购图如图 2.11 所示,见彩插。

(7)了解竞争格局。

冰箱结构领域竞争格局如图 2.12 所示,见彩插。

(8)分析竞争对手的专利布局,发现技术的最新应用。

专利技术引证图如图 2.13 所示。

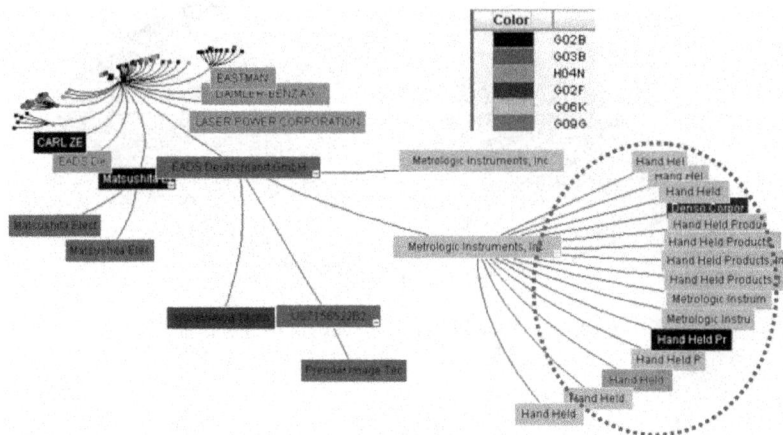

图 2.13 专利技术引证图

(9)不同的分支显示了技术的发展以及其他技术参与者。

技术发展引证图如图 2.14 所示。

(10)专利防御。

专利防御图如图 2.15 所示。

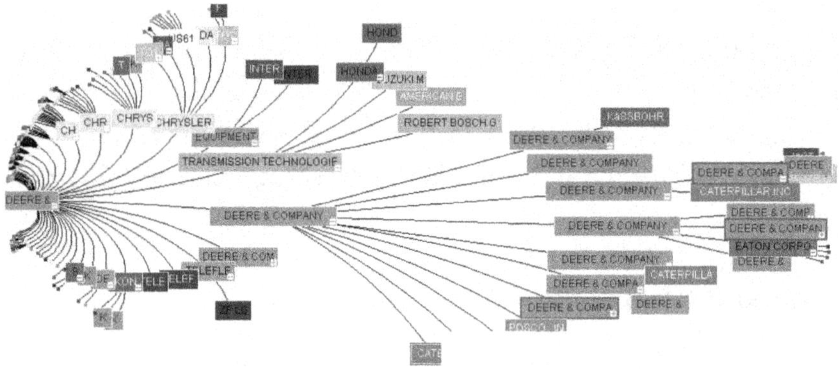

图 2.14 技术发展引证图

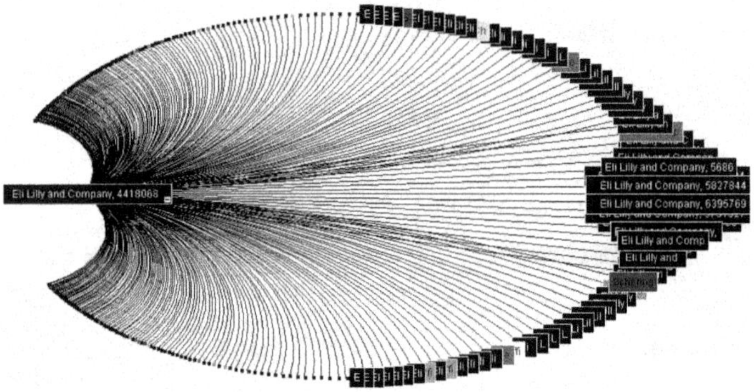

图 2.15 Eli Lily's US4,418,068 专利防御图

(11)专利围剿。

专利围剿图如图 2.16 所示。

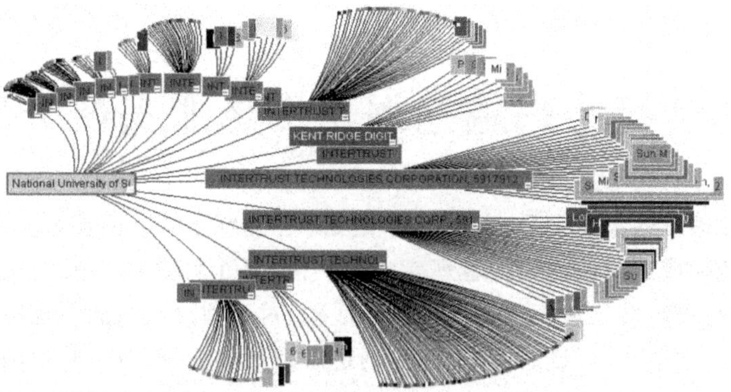

图 2.16 NUS' US5,499,298 专利围剿图

这些专利图是最重要的专利战略信息之一,是制定国家宏观经济、科技发展战略的重要保障,也是企业制订技术研发计划的可靠依据。

综上所述,把握专利文献的内容和结构特征,对专利文献进行准确、全面的检索与阅读,合理利用专利文献,不管是对政府、企业还是研究人员而言,均具有非常重要的意义。

3 阅读行为兴趣挖掘及推送服务研究现状

从心理学的角度来看,兴趣是指个人对客观事物的选择性态度,即一个人认识、探索、接近或获得某种客观事物的倾向,是个性最明显的表现。阅读是从材料中捕获、转化成相关知识的一种活动,对于阅读行为的研究主要采用问卷调查法、访谈法、阅读时间法、任务判定法及命名法等方法,其中阅读时间法又包括眼动记录法和开窗口法。对阅读的眼动研究起源于 19 世纪,Quantz在 1897 年出版的《阅读心理学中的问题》(*Problems in the Psychology of Reading*)中详细阐释了阅读过程。20 世纪 70 年代,随着眼动技术与心理学理论的进步,眼动数据的认知加工得到发展,眼动研究也达到了全盛期。1955 年,Dr. Garfield 认为引文索引是一种文献检索及分类的方法。

基于阅读行为的兴趣研究受到越来越多的关注,得到不断发展,研究成果呈现大幅度上升的发展趋势。本章利用 CiteSpace Ⅲ 软件对阅读行为的兴趣或需求研究进行分析,剖析国内外阅读行为方面研究现状,特别是对利用眼动追踪技术的阅读行为兴趣研究现状进行分析。

3.1 数据来源与研究方法

Web of Science 为美国 Thomson 公司的核心期刊引文索引数据库。以Web of Science 所有数据库(Web of Science 核心合集,中国科学引文数据库,Derwent Innovations Index, Inspec, KCI-韩国期刊数据库, Russian Science Citation Index, SciELO Citation Index)所有学科为数据来源。

本研究所用检索式如下。

检索式 1:

标题＝(read＊ or brows＊ or view＊ or glanc＊) AND 标题＝(behavio＊ or eye track＊ or eye movement or saccad＊ or eye fixat＊ or mouse track＊ or mouse mov＊ or mouse click＊ or mouse scroll＊ or physiolog＊ or polygraph＊ or EEG or ERP or ECG or EMG)AND 主题＝(interest＊ or preference or requirement or demand＊ or need or tendenc＊);

检索式 2:

标题＝(read＊ or brows＊ or view＊ or glanc＊) AND 主题＝(behavio＊ or eye track＊ or eye movement or saccad＊ or eye fixat＊ or mouse track＊ or mouse mov＊ or mouse click＊ or mouse scroll＊ or physiolog＊ or polygraph＊ or EEG or ERP or ECG or EMG)AND 标题＝(interest＊ or preference or requirement or demand＊ or need or tendenc＊);

检索式 3:

标题＝((read＊ or brows＊ or view＊ or glanc＊) NEAR/3 (act or action)) AND 主题＝(interest＊ or preference or requirement or demand＊ or need or tendenc＊);总检索式:♯1 OR ♯2 OR♯3。年限不限,检索后剔除不切题信息,得 1115 条记录。

利用 Web of Science 的在线分析功能,分析结果发现相关发文数量平稳增长,文章被引次数增加较迅速,每项平均引用次数为 7.11,h 指数达 44。每年出版文献数量如图 3.1 所示。

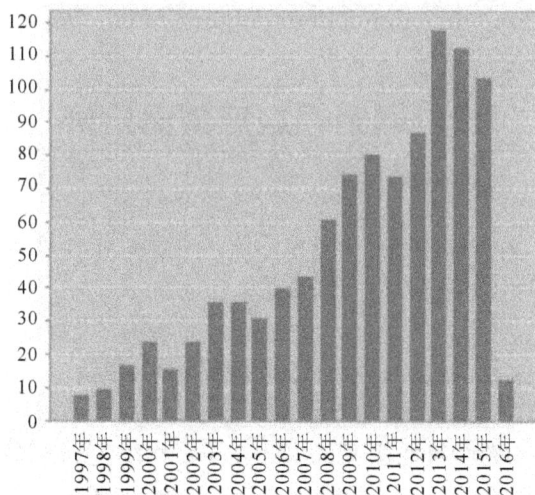

图 3.1　每年出版的文献数量(单位:篇)

图 3.1 中显示,2007 年之后文献数量增长率变大,说明阅读行为的兴趣研究近年来受到重视,2013 年成为研究的高峰期。对其中的文献类型进行统计,结果如表 3.1 所示。

表 3.1　　　　　　　　　　　文献类型统计　　　　　　　（单位:篇）

文献类型	论文	会议	专利	综述	图书
数量	709	217	199	43	2

可以看出,论文是研究的主体表现形式,相关的专题会议也得到广泛的开展,而权利人更习惯利用申请专利形式保护自己的成果,以备开展相关的应用与开拓市场。

由于专利等部分文献类型缺少引用关系,这里具体分析 Web of Science 核心合集中的论文情况。以 Web of Science 核心合集(SCI-EXPANDED,SSCI, CPCI-S, CPCI-SSH)所有学科为数据来源,检索策略同上,检索后剔除不切题信息,得 359 条有效记录。

结合 Citespace Ⅲ 软件,进一步对论文发文及被引情况进行剖析,挖掘阅读行为研究的学科分布、重要区域国家、机构合作、研究热点、高影响力著者、代表性文献以及期刊分布等情况。应用 Citespace Ⅲ 软件进行分析时,设定时间跨度为 1 年,时间阈值为 50,开始年份为最早文献出现的 1996 年,最强链接数为 5 条,文献回顾年份不限制,修剪部分不选,其他部分为默认设置。

3.2　研究现状的图谱分析

运用 Citespace Ⅲ 软件对分析对象的学科、区域、作者以及所属机构等进行共现分析,以揭示阅读行为研究的现状。

3.2.1　阅读行为的兴趣研究的跨学科性分析

Citespace Ⅲ 中跨学科性即 Web of Science 中的论文研究方向,选择节点 Category,得到阅读行为研究的学科领域分布图谱,如图 3.2 所示。中介中心性是测度节点在网络中重要性、影响力的一个指标,反映节点对知识流动的控制程度,Citespace Ⅲ中运用了标准化值。图 3.2 由 101 个节点、182 条连线组成,节点的大小代表出现频次,圆圈越大,反映了该学科频次或发文量越高,中介中心性大于等于 0.1 的节点被定义为关键节点。表 3.2 是对应于图 3.2 所导出的数据,量化揭示了被引频次和中介中心性值较高的研究所属学科。

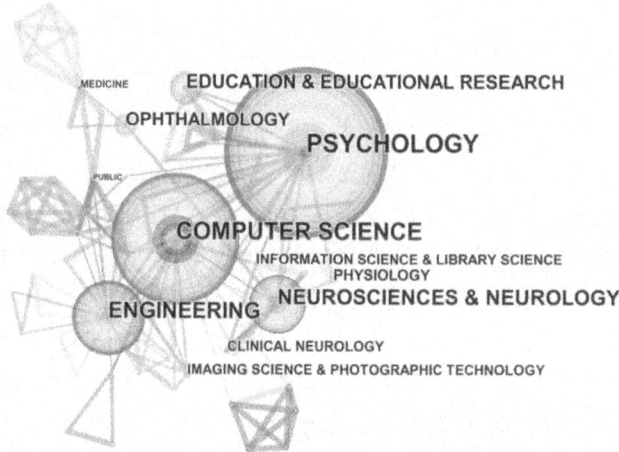

图 3.2　阅读行为研究的学科领域分布图谱

表 3.2　　　　　　　　阅读行为研究的排名前十的学科分析

学科领域	发文量/篇	中介中心性	篇均被引/次	h 指数	所属大类
Psychology	108	0.46	15.94	21	社会科学
Computer Science	87	0.38	3.3	9	应用科学
Engineering	51	0.36	3.69	8	应用科学
Neurosciences & Neurology	46	0.19	15.74	15	生命科学与生物医学
Education & Educational Research	28	0.08	6.21	6	社会科学
Ophthalmology	25	0.06	15.92	9	生命科学与生物医学
Physiology	13	0.03	14.15	9	生命科学与生物医学

续表

学科领域	发文量/篇	中介中心性	篇均被引/次	h 指数	所属大类
Library & Information Science	12	0.01	6	4	应用科学
Imaging Science & Photographic Technology	10	0.01	2.2	2	应用科学
Science & Technology Other Topics	9	0.01	9	4	应用科学

图 3.2 和表 3.2 表明:发文量排名前十的学科共占总发文量的 84.1%,排名前三的心理学占总发文量的 30.1%,计算机科学占 24.2%,工程学占 14.2%。总的来看,阅读行为的兴趣等方面研究在社会、应用科学及生物科学与医学均得到发展。心理学、计算机科学、工程学及神经科学与神经学,无论发文量还是中介中心性都具有较大的优势,是研究的重要学科领域。其中,心理学发文量第一,篇均被引 15.94 次,h 指数为 21,是阅读行为研究的重要领域,心理学下的实验心理学、多学科心理学、教育心理学、生理心理学又是心理学的重要研究范围。计算机科学领域研究广泛,与信息交互等技术有关。神经科学与神经学,篇均被引 15.74 次,h 指数为 15,类别主要为神经科学、临床神经病学,说明相关理论和方法解释阅读的研究产生的内在机制问题是学者们重点关注的问题。图书情报领域发文 12 篇,占总发文量的 2.5%,阅读行为的眼动研究成为图书情报学领域的新兴方向。

连线的粗细表示节点共同出现(简称共现)的次数,线条越粗,表示共现次数越多,从图 3.2 看出阅读行为的研究融合了心理学、计算机科学、神经科学与神经学、工程学等学科以及这些学科交叉领域的理论和方法,并与这些学科一起发展壮大。前四个学科节点处于许多其他节点的最短路径上,为居间中介者,资源控制程度强,交互较强,是该领域学术交流的中心。此外,心理学与老年医学,工程学与计算机科学、光谱学、工效学、生物化学及分子生物学,教育与教育研究和音乐、数学、康复神经学与生理学、眼科学、行为科学,它们的共现较多,交流和融合得较充分。

两个节点之间连线的颜色表示节点首次共现的时间,冷色调代表早些年,暖色调代表近些年,可以得出心理学、神经科学与神经学、计算机科学研究较早。根据某段时间内共被引频次,将变化率高的学科探测出来,成为突显红色,计算机科学、教育与教育研究、图书情报学在 2000 年后一段时间一度成为研究热点。

3.2.2 区域实力分析

选择节点 Country,得到区域基本信息,结合数据库在线分析功能对区域间合作情况进行统计,区域 TOP 10 的发文量占总发文量的 78.83%,具体如表 3.3 所示。

表 3.3 区域 TOP 10 的研究实力分布

区域	发文量	所占百分比/%	区域间合作发文量/篇	合作率/%	中介中心性
USA	116	32.31	21	18.10	0.11
UK	37	10.31	12	32.43	0.25
Germany	32	8.91	13	40.63	0.23
Mainland, China	31	8.64	8	25.81	0.05
Canada	20	5.57	6	30.00	0.06
Japan	19	5.29	2	10.53	0.01
Taiwan, China	17	4.74	0	0.00	0
Australia	14	3.90	5	35.71	0.03
France	13	3.62	4	30.77	0.02
Netherlands	11	3.06	1	9.09	0

分析发现:欧洲国家区域间合作程度普遍较高,发文量排在前 20 位的国家中有 13 个是欧洲国家,共发表 136 篇文章。阅读行为中的眼动研究一直是欧洲眼动大会探讨的一个很重要的部分,而欧洲眼动大会规模和范围早已超出了欧洲的界限,尤其是扩大到了美国、中国、日本及加拿大。

发文量遥居前三的国家是美国、英国和德国,篇均被引都很高,分别为 17.38、15.49 和 12.19,三者发文量占总发文量的 48.75%,相比其他国家或地区有明显的优势。这里将 England, Scotland, Wales 及 Northern Ireland 合并为大不列颠及北爱尔兰联合王国(UK)。中国大陆位居第四,发文数量为31篇,篇均被引4.58,说明我国阅读行为的兴趣研究,还不太成熟,需要与国际广泛交流。中国台湾地区未展开国际合作,研究限于内部区域。英国和德国中介中心性位列前二,其高的资源控制、中介能力,对其他国家地区的交流、合作起着桥梁的作用。

3.2.3 机构合作分析

在 Citespace Ⅲ 生成的机构合作科学知识图谱中,选择节点 Institution,共得363个机构以及机构之间的67条连线,机构分布较散,合作关系不明显,这里不进行列图。

发文量排第一的是美国加州大学,发文量11篇,篇均被引17次;排第二的是美国佛罗里达州立大学,发文量10篇,篇均被引16.8次;排第三的是美国纽约州立大学,发文量8篇,篇均被引14.12次;排第四的是法国国家科研中心,发文7篇,篇均被引7.14次。重要的机构还有德国波茨坦大学(篇均被引27.17次),英国南安普顿大学,美国马萨诸塞大学、北卡罗来纳大学及俄勒冈大学等。机构合作以美国佛罗里达州立大学、加州大学、马萨诸塞大学和日本东京大学为中心进行小范围的局部合作;美国佛罗里达州立大学与纽约州立大学、爱尔兰国立大学及德国伍珀塔尔大学等均有过直接合作;美国加州大学洛杉矶分校与西北大学、南加州大学均有直接合作,与密歇根州立大学有间接合作;美国马萨诸塞大学与堪萨斯大学、阿拉巴马大学有直接合作;日本东京大学与鹿儿岛大学、驹泽大学有直接合作。美国马萨诸塞大学发文6篇,篇均被引高达51.33次,究其原因,美国马萨诸塞大学的心理系眼动实验室对该领域的研究有很大的促进作用。英国南安普顿大学分别与牛津大学、杜伦大学,以及我国天津师范大学之间有较多合作研究。

我国研究机构,如中国科学院(发文4篇,篇均被引6.25)、国立成功大学(发文3篇,篇均被引4)、北京大学(发文2篇,篇均被引33)、北京工业大学(发文2篇)、中央研究院(发文2篇)、南开大学及天津师范大学发文量最大。由此可以看出,我国在该领域的相关研究成果,总体的被引频次偏低,说明国内的研究目前还处于学习引进阶段,有待于进一步掌握该领域相关核心技术。北京大学的一篇论文 *Flexible Saccade-target Selection in Chinese Reading* 被引54次,施引文献中43篇为2013年以后引用该文的,施引作者遍布国内外。而且,基金资助机构排在第一的是中国国家自然科学基金委员会,支持项目 5 个。说明中文阅读的兴趣方面的研究,开始受到国内外的重视,正在逐渐参与国际合作,与国际接轨。天津师范大学 2008 年与英国南安普顿大学开始合作,同年北京师范大学也与德国波茨坦大学展开合作,近些年中国科学院也开始与新加坡南洋理工大学、美国加州大学圣地亚哥分校合作。

3.2.4　作者合作分析

在 Citespace Ⅲ 生成的作者合作科学知识图谱中,选择节点 Author,针对作者名字的不同表达方式,合并处理后,共 682 位作者以及作者之间的 777 条连线,作者合作分布情况如图 3.3 所示。

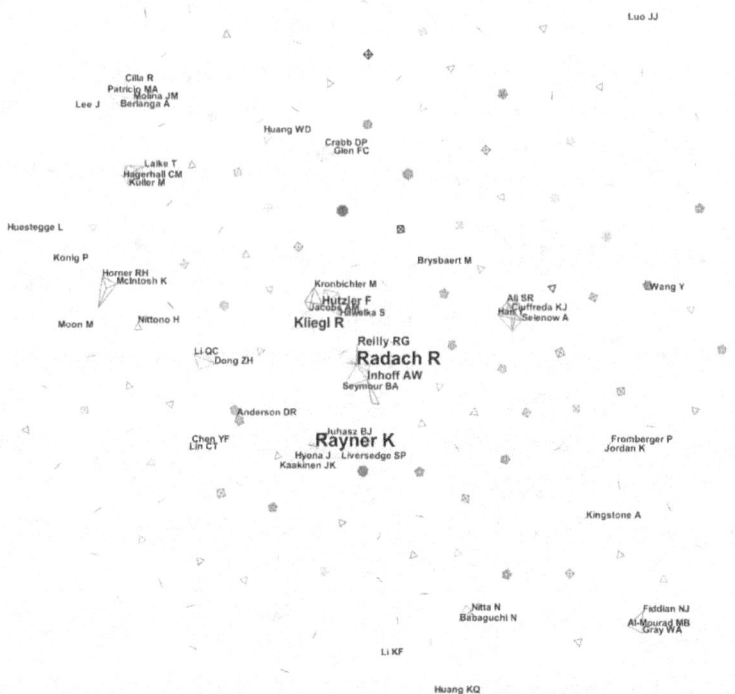

图 3.3　作者合作的科学知识图谱

作者合作情况与机构合作情况基本一致,分布较散,合作大多在本机构内展开。本领域的国际领军科研人员是:来自美国马萨诸塞大学与加州大学圣地亚哥分校的 Keith Rayner,发文 8 篇;来自美国佛罗里达州立大学与亚琛工业大学的 Ralph Radach,发文 8 篇;来自德国波茨坦大学的 Reinhold Kliegl,发文 4 篇。重要学者还有,来自美国马萨诸塞大学的 Timothy J. Slattery 与 Alexander Pollatsek,来自英国杜伦大学与南安普顿大学的 Simon P. Liversedge,来自英国杜伦大学与莱斯特大学的 Sarah J. White。

Keith Rayner 与多位作者合作密切,如 Simon P. Liversedge,Jukka Hyona 等;Ralph Radach 与 Seymour 及 Reilly 也有相关合作;德国柏林自由大学的 Jacobs 与 Reinhold Kliegl、德国柏林自由大学与奥地利萨尔茨堡大学的 Hutzler 均有直接合作,这样三个团体作者间有间接联系,形成了小的作者群。可以发现,高产作者的整体合作还是比较有利于知识的流动、传播和共享的。

在中国,该方面的学者主要有:来自中国科学院的黄凯奇、谭铁牛,发文 2 篇,还有李兴珊、刘萍萍;来自南开大学的李庆诚,发文 2 篇;来自天津师范大学的白学军、闫国利及臧传丽。这些学者的文章也印证了机构合作情况,而且,基本为合作文章,无独立作者发表。

3.2.5 研究热点分析

为了挖掘文章间的热点关联,本研究通过 Cited Reference 共被引分析,发现此时网络分割不明确,为减少关系连线并尽可能保持原有网络结构,设定最强链接数为 5 条,文献回顾年份不限制。网络由 984 个节点,4263 条共被引连线组成,共有 32 个聚类产生,即代表 32 个研究热点(表 3.4),作为评判图谱绘制效果的模块值(Q 值)为 0.9081,平均轮廓值(S 值)为 0.6529,前五个聚类的平均 S 值为 0.697,说明本次聚类是结构显著和令人信服的。

表 3.4　　　　　　　　阅读行为中的眼动研究热点聚类分析

聚类号	聚类内文章数	聚类标签	聚类号	聚类内文章数	聚类标签
#0、#2	42、31	reading(阅读)	#16	14	field(视野)
#1、#30	34、5	model(模型)	#17	13	schizophrenia(精神分裂症患者)

续表

聚类号	聚类内文章数	聚类标签	聚类号	聚类内文章数	聚类标签
♯3	31	benefit(预视效益)	♯18	11	hemianopia(偏盲)
♯4	31	alexic(失读)	♯19	11	glaucoma(青光眼)
♯5	29	Korean(韩语)	♯20	8	patients(患者)
♯6	27	plausibility(合理性)	♯22	7	encoding(编码)
♯7	26	children(儿童)	♯23	7	pulmonary(肺结节)
♯8	26	reveal(揭示)	♯24	7	linearized(感知线性显示)
♯9	25	silent(默读)	♯25	6	grade(年级)
♯11、♯21	24、4	head(头)	♯26	6	projection(投影聚类)
♯10	24	cognition(认知)	♯27	6	neocortex(新皮质)
♯12	16	science(科学)	♯28	5	dementia(痴呆)
♯13	15	magnifiers(放大镜)	♯29	5	literates(素养)
♯14	15	preferences(偏好)	♯31	5	populations(神经元群)
♯15	14	coercion(语义强迫)			

利用 Log-likelihood ratio 法对来源文献进行抽取 title 以类聚标注,并结合聚类的施引文献和被引文献进行综合判读,发现阅读行为的研究主要涵盖 4 个知识群。

①阅读基本问题研究。阅读行为能反映出阅读中的认知加工。♯11、♯21 head 聚类中 F. A. Proudlock 等探讨了头眼协调运动及视觉影响;♯3 benefit 聚类中 S. Hohenstein 等研究了语义预览效益的副中心凹快速启动;♯6 plausibility 聚类中 K. Rayner 等介绍了实验情景、词等方面设置合理性的影响,S. A. McDonald 等提到一些因素如解剖有助于辨别眼动;♯22 encoding 聚类中 J. K. Kaakinen 等分析了眼动和编码策略以研究阅读广度测验策略;♯27 neocortex 聚类中 S. Grossberg 从新皮质角度了解视觉和认知智力的关系;♯9 silent 聚类为在默读中处理元音、音节信息;♯23 pulmonary 聚类中 D. Litchfield 等对有助于胸部 X 光检查的肺结节图像鉴别的眼动方

法进行验证。

②实验内容研究。根据研究目的和要求,实验往往设置不同的任务内容。♯5korean 聚类中 Y. Lee 等探究了韩语、汉语等的构词因素影响;♯12science聚类中 B. W. Miller 针对科学文本、科学教育中阅读进行眼球追踪;♯15coercion 聚类中 M. J. Traxler 等运用眼动和自控步速实验探讨逻辑转喻的解读过程;♯14preferences 聚类中 J. Grobelny 等分析了产品中有关背景颜色、字距、字体的偏好;♯24linearized 聚类中 E. A. Krupinski 等研究了感知线性显示在阅读 CRT 影像和视觉搜索的影响。

③实验对象研究。针对实验不同的需要或应用,通常会选择特定的受测对象测试。♯25grade 聚类中 Roy-Charland 等针对不同年级学生的阅读探索;♯29literates 聚类中 R. K. Mishra 等针对文化素养低、高的印度人,研究阅读能力对眼动的影响。♯20、♯4、♯7、♯16、♯18、♯13、♯17、♯19、♯28九个聚类主要从患者的角度进行研究。♯20patients 聚类中 W. Seiple 等对年龄相关性黄斑变性患者阅读的眼动训练;♯4alexic 聚类中 M. Behrmann 等对比了纯失读患者的眼运;♯7children 聚类中 C. Lions 等探究了斜视、阅读障碍儿童的双眼协调等影响情况;♯16field 聚类中 Trauzettel-Klosinski 论述了视野缺损导致阅读障碍;♯18hemianopia 聚类中 S. Schuett 等针对偏盲性阅读和视觉探索障碍进行模拟偏盲的眼运研究;♯13magnifiers 聚类中 A. R. Bowers 等分析了黄斑病患者阅读放大印刷字体和借助光学辅助工具阅读的差异;♯17schizophrenia 聚类中 N. Jaafari 等分析了精神分裂症患者比较两图像的过度检查行为;♯19glaucoma 聚类中 N. D. Smith 等使用眼动技术评估青光眼患者的阅读能力;♯28dementia 聚类中 R. A. Armstrong 研究了路易体痴呆患者的视觉症状和体征。

④技术模型研究。基于一些技术、模型可以更好地解读行为的心理过程。♯1、♯30model 聚类中在词分割、E-Z Reader、SWIFT、基于图表推理的 GBR 等模型下理解识别阅读行为;♯8reveal 聚类中 A. Borji 等研究了推理搜索目标的算法,解码后揭示复杂认知状态的心理;♯10cognition 聚类中 S. P. Liversedge等在扫视、注视情况下运用不同方法、模型测定认知、注意力的信息;♯26projection 聚类中 T. Urruty 等通过投影聚类检测眼睛的注视;♯31populations聚类中 Graf 等依据神经元群解读眼动行为。

3.3　知识基础的图谱分析

　　20 世纪 70 年代利用共引关系研究学科领域的演化,由美国 Henry Small 和苏联 I. V. Marshakova 首次提出。本研究进一步运用 Citespace Ⅲ 对分析对象的引文进行作者共引、文献共引以及期刊共引分析,以揭示研究前沿的知识基础。

3.3.1　高影响力作者及其代表性文献

　　美国德雷克赛大学怀特(White)博士认为,作者共引频次越高则作者学术相关性越强。通过 Cited author 分析,发现被引频次排在前 4 位的阅读的眼动研究领域的高影响力作者是 K. Rayner、E. D. Reichle、A. Pollatsek 及 R. Engbert。结合 Cited Reference 分析,得到高影响力作者的代表性文献,如表 3.5 所示。

表 3.5　　　　　　　　　　**高影响力作者及其代表性文献分析**

共被引频次	作者	代表文献	代表文献被引频次	代表文献中心性
63	K. Rayner	1998, *PSYCHOL BULL*, V124, P372	46	0.05
		2009, *Q J EXP PSYCHOL*, V62, P1457	18	0.01
		1979, *PERCEPTION*, V8, P21	13	0
25	E. D. Reichle	1998, *PSYCHOL REV*, V105, P125	17	0
		2003, *BEHAV BRAIN SCI*, V26, P445	13	0
25	A. Pollatsek	1989, *PSYCHOL READING*	13	0
25	R. Engbert	2005, *PSYCHOL REV*, V112, P777	13	0
22	R. Radach	2004, *EUR J COGN PSYCHOL*, V16, P3	7	0
18	G. W. Mcconkie	1975, *PERCEPT PSYCHOPHYS*, V17, P578	8	0

共被引频次	作者	代表文献	代表文献被引频次	代表文献中心性
18	R. Kliegl	2006, *J EXP PSYCHOL GEN*, V135, P12	10	0
17	A. W. Inhoff	1998, *EYE GUIDANCE READING*	7	0

从表3.5的共被引频次看,K. Rayner 发表的《阅读和信息处理中的眼动控制》综述论文被引频次和中心性最高,总结了阅读和其他认知加工任务的眼动研究成果:很好地综述了阅读过程中眼动的基本特征、知觉广度、眼跳的信息整合及阅读的用户差异;此外,对乐谱阅读、打字过程中的阅读、视觉搜索等方面的眼动研究现状也进行了介绍。

K. Rayner 发表在《实验心理学季刊》(*Q J EXP PSYCHOL*)上的《阅读、场景认知及视觉搜寻中眼动与注意力研究》位于第二,重点介绍了关于阅读的知觉广度、预视效益、眼动控制和眼动模型。

E. D. Reichle 发表在《心理学评论》(*Psychological Review*)上的《阅读中眼动控制的模型》位于第三,主要介绍了单词层次的 E-Z Reader 模型,词频与词的预测性会影响词处理速度与眼跳行为。模型解释了阅读中的副中央窝预视效应、对某些词的跳读和再读。

G. W. Mcconkie 在《阅读中的眼动控制:在词上首次注视位置》,提出词形制约着首次注视位置,用户经过副中央窝的加工处理,接着定位于下一个词的最好注视位置,过程中基本以词为处理对象。

为了进一步揭示检索结果或领域内部的文章相互影响及关联,本研究利用 HistCite 对数据互引按照时间以网路形式呈现。本地引用数即被上述359条检索结果引用的频次,以本地引用数为条件作图,阈值设置为30,得阅读行为中的眼动研究可视化编年图如图3.4所示。图中每个方框代表一篇文章,左侧年份代表文章对应发表年份,方框中的数字是该文章的编号;方框越大,代表该文献被引用的频次数越高;箭头表示引用关系,箭头由施引文献指向被引文献。

合作强度(K. Subramanyam,1983)是常用的文章合作度的指标。首先得到平均每篇文章由 2.99 位作者共同完成,说明关于眼动的研究基本以合作的方式进行。可以看出,本地引用次数较少,高被引的文章多被其他领域所引

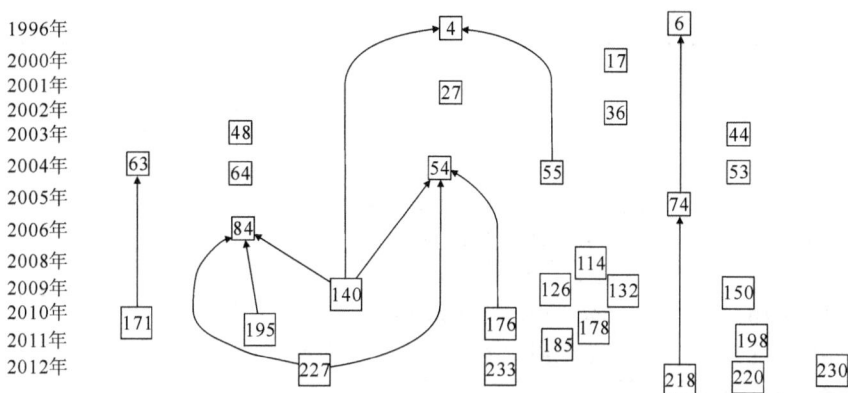

图 3.4　阅读行为中的眼动研究可视化编年图

用、研究。K. Rayner 编号为 4 的文章,被本地引用频次最高,为 9 次,R. Radach 编号为 84、54 的两篇文章,被本地引用频次分别为 8 次和 7 次,三篇文章为同领域所认可。分析原因发现:编号为 4 这篇文献为综述,综述了大量相关的文献,是阅读研究的经典综述。R. Engbert 编号为 140 的文章本地引用频次较高,引用本地文章为 3 次,重视该领域的研究基础。R. Kliegl、K. Rayner 编号分别为 198 和 55 文章的本地被引频次较高,是眼动研究的奠基文献。这几位核心作者与 Citespace Ⅲ 得出的一致,主导着阅读行为兴趣研究的发展方向。

3.3.2　文献来源分布

　　来源期刊的共被引关系能确定领域内的核心期刊群,结果共计 283 种期刊,选择前十种主要发文期刊进行重点研究。下面从共被引和中心性的角度,综合考虑文章的实际引用及利用情况,选择节点 cited journal,选择共被引频次、发文量均较高的 TOP 10 期刊,结果如表 3.6 所示。

表 3.6　　　　　　　　　　**TOP 10 共被引期刊分析**

期刊简称	期刊全称	共被引频次/中心性	5 年影响因子	发文量	相关文献首次出版年
PSYCHOL BULL	*Psychological Bulletin*	81/0.19	22.155	—	1998
VISION RES	*Vision Research*	76/0.11	2.472	7	1988

续表

期刊简称	期刊全称	共被引频次/中心性	5年影响因子	发文量	相关文献首次出版年
J EXP PSYCHOL HUMAN	*Journal of Experimental Psychology—Human Perception and Performance*	56/0.06	3.562	2	1981
Q J EXP PSYCHOL	*Quarterly Journal of Experimental Psychology*	34/0	2.449	4	1980
PLOS ONE	*PLoS One*	30/0.01	3.702	8	2008
LECT NOTES COMPUT SC	*Lecture Notes in Computer Science*	29/0.09	0.402	14	1991
J VISION	*Journal of Vision*	25/0.01	3.113	5	2004
PSYCHOPHYSI OLOGY	*Psychophysiology*	21/0.08	3.696	4	1986
INVEST OPHTH VIS SCI	*Investigative Ophthalmology & Visual Science*	14/0.02	3.673	4	1990
COMPUT HUM BEHAV	*Computers in Human Behavior*	13/0	3.624	4	2006

表3.6的被引频次TOP 10期刊发文量占所有期刊发文量的16.43%,期刊分布较分散,前十个期刊共被引频次和中心性大多较高,影响力显著,知识共融性较好。《心理学通报》(*PSYCHOL BULL*)影响因子在心理学类中影响因子排名第2,其主要是关于评价性和综合性的研究综述及科学心理学问题的阐释。英国的《视觉研究》(*VISION RES*)属于神经科学与神经学、眼科学领域,发文7篇。美国心理学类期刊《人类知觉与行为》(*J EXP PSYCHOL HUMAN*),涉及关于感知、动作控制及相关认知过程的研究。

发文量较高的《计算机科学讲义》(*LECT NOTES COMPUT SC*)为德国Springer数据库下的丛书,发文14篇,研究领域为计算机科学理论与方法;《公共科学图书馆期刊》(*PLOS ONE*)是美国公共科学图书馆旗下的期刊,研究范围为多学科科学。其他重要期刊还有心理学类期刊,如英国的《实验心理学季刊》《计算机在人类行为中的应用》;眼科学类期刊,如美国的《视觉杂志》

《眼科学研究和视觉科学》及瑞士的《眼动研究杂志》;跨神经科学、心理学领域期刊,如美国的《国际心理生理学杂志》及瑞士的《人类神经科学前沿》。

3.4　国内外研究现状

通过对阅读行为兴趣研究的学科分布、研究热点等的分析,得出以下结论。

①多学科融合。阅读行为的兴趣研究是一个跨学科领域的研究,受到不同学科和多国不同程度的关注,主要涉及心理学、计算机科学、工程学和神经科学与神经学。美国、英国和德国对其研究较成熟。

②多方位合作。研究方式多以机构内合作为主,另外,还有以美国佛罗里达州立大学、加州大学、马萨诸塞大学和日本东京大学为中心进行小范围的局部合作,作者合作基本以 Keith Rayner、Ralph Radach、Jacobs 为中心。

③多主流学派。核心著者及其代表性文献分析,发现以 K. Rayner、E. D. Reichle、A. Pollatsek 及 R. Engbert 为代表的阅读行为兴趣研究领域的奠基性人物提出了一系列的经典理论与模型。

④四学科主导。对文献所属期刊进行分析,发现阅读行为的研究领域的核心期刊,都是欧美地区期刊,几乎全部属于上述四个重要学科,这 10 种国外的核心期刊,刊登了阅读行为研究的高质量文章,是阅读研究的重要情报源。

⑤热点与前沿。对领域内热点和前沿分析,发现研究热点主要涵盖阅读基本问题、实验内容、实验对象、技术模型四个知识群的研究;研究前沿涉及患者或受测者对照、阅读方式与实验材料、词加工认知过程、信息处理与行为认知的研究。

借助眼动行为研究阅读行为,成为近几年国内外的研究热点。浏览、访问或阅读中的眼动研究可充分挖掘用户潜在需求,其已在网站可用性、软硬件测试、教学研究、交互研究及广告研究等方面得到广泛的应用。发现阅读行为研究在心理学、计算机科学和工程学领域已取得一定的成果,其中眼动研究多分布在心理学、神经科学与神经学、眼科学、教育与教育研究和语言学领域,目前在图书情报学领域也开始得到应用。

3.5 现有研究的定性分析

结合上面知识图谱定量分析的结果,对重要学者的相关文献进行解读,着重针对国内学者做出的贡献展开研究。

3.5.1 阅读行为兴趣挖掘的研究内容

1981 年 Wilson 认为基本需求就是生理、认知和情感。

1991 年 Taylor 定义了信息行为,使信息变得有用的一系列行为的总和。

1996 年 Ingwersen 构建认知模型。Saracevic 借鉴人机交互学和语言学中发展的层级理论,建立了交互式信息检索层次模型。

1997 年 Borlund 展示了多种认知转换情境。

1998 年 Rayner 介绍了阅读中知觉广度、回视入次数和出次数等。

1999 年 Wilson 为了研究行为特征,整合了 Ellis 和 Kuhlthau 的体系结构。

2003 年 Jarkko 将眼动数据与可判别的隐马尔可夫模型相结合推断结果的相关性取得了良好效果,说明眼动数据可以作为一种隐式反馈用来推断结果的相关性。应晓敏运用行为捕获浏览器 WebMonitor 将用户浏览的页面和浏览行为保存在数据库中。

2004 年 Liversedge 分析一个词的总注视时间,包括对该词的凝视时间和由回视引起的对该词的注视时间。赵银春介绍了对网络用户浏览内容和浏览行为分析的兴趣挖掘模型。

2006 年 段小斌等提出的个性化推荐服务中用户兴趣模型,通过用户浏览页面集的内容信息和浏览行为信息,隐式创建用户兴趣描述文件。张仙峰等研究了阅读中的常用的眼动指标,包括注视时间、眼跳、回视和瞳孔直径等。白学军等使用眼动仪研究产品位置以及背景图案对广告效果的影响。Wilison 从信息需求的本质、信息行为及其影响因素三个方面提出了信息行为理论模型。

2008 年张传福设计了用户兴趣的调查表及相应的模型构建算法,加入隐式反馈的阅读时间及阅读次序。

2009 年 Flavio 等利用瞳孔大小变化推断搜索结果的相关性,发现当人们注意到相关结果摘要时瞳孔变大。

2010 年燕飞提出了综合社会行动者兴趣与社会网络拓扑结构的社区发现方法。

2012 年 Cho-Wei Shih 等提出的信息需求雷达模型,量化了内容的需求程度。

2013 年闫国利等研究了阅读中的主要眼动指标,包括时间维度和空间维度的眼动指标。

2014 年衷道方等提出的基于人机交互行为和眼动跟踪的用户兴趣模型,将眼动跟踪、人机交互行为记录技术和回归分析相结合,研究用户人机交互行为和眼动跟踪特征和用户兴趣三者之间的相关性。

2015 年黄倩等分析保存、收藏页面及网页的浏览速度,计算用户的主题兴趣度。宋章浩提出了保存、复制、打印、收藏页面、阅读时间、拖动滚动条次数和鼠标点击次数的混合行为组合,进行综合计算用户的兴趣度。

3.5.2 推送服务的研究内容

2007 年沈阳提出的基于网络阅读行为兴趣度模型的网摘推荐,对兴趣度大于一定阈值的网页自动进行网络保存和推荐。高琳琦提出的基于用户行为分析的自适应新闻推荐模型,用以度量在线用户的点击和阅读行为。

2009 年李伟提出的基于用户兴趣模型的新闻自动推荐系统,分析了用户阅读习惯和阅读行为。

2011 年周伟华提出针对网络文学作品的兴趣度计算和混合推送方法。

2012 年赵娟提出的面向浏览者的图像推荐模型,通过对浏览者的阅读、收藏和下载等行为的分析,度量用户对图像的关注度。

2013 年周康等提出了一种文献个性化推荐系统,基于接受者请求的推送模型,采用向量空间模型表示文献资源与用户模型以及使用用户阅读行为反馈机制动态更新用户模型。

2015 年程树林等提出的基于时间感知和用户兴趣重要度融合的文档推荐模型,根据用户浏览行为和相关信息隐式提取用户兴趣。方潇等提出了基于眼动实验的个性化地理地图推荐模型,并对模型进行测试。

另外,中国知网对每篇文献提供节点文献服务,包括相似文献、同行关注文献。相似文献为与目标文献内容上较为接近的文献,同行关注文献为与目标文献同时被多数用户所关注的文献。超星发现系统中提供相关文章包括相关主题的文章、相关网页搜索等。百度文库提供相关文档推荐、"喜欢此文档的还喜欢"等推荐服务。

3.5.3 专利文献的有关研究

2007 年针对用户兴趣的表达,缪涵琴开发出融合本体和用户兴趣的专利信息检索系统,并设计了专利检索领域本体、国际专利分类表和用户兴趣模型的本体表示。彭中祥通过数据挖掘算法分析专利信息检索系统的用户流失,主动向用户推送需要的信息。

2009 年仲伟炜提出改进的 Apriori 关联推荐算法进行专利文献的推荐。

2013 年为帮助用户区分关注点,方便阅读,国家知识产权局在专利文献查看页面中,利用了高亮、高密、聚焦功能。辛阳等提出一种专利智能推荐算法,求得专利关联度后序化推荐专利,得到一个有序的集合。黄立业等主要对企业用户进行调研,运用访问、问卷调查的方法,了解海水淡化业的专利信息需求。

2014 年赵闯等借鉴 Taylor 所提出的信息需求模型,分析了高校用户的专利信息需求。

2015 年赵飞龙通过分析中文专利文献结构特点,综合句式、词法、句法的分析及相关规则与算法,进行专利设计目标的提取和标注,用于专利设计目标的推荐。

3.5.4 现有研究总结

通过分析现有研究,发现国内的阅读行为及兴趣的研究注重网络上的行为与服务,例如,段小斌、燕飞等的研究。国外的阅读行为及兴趣的研究,注重词、句、理论、心理、生理及人的机理,如 Wilson,Flavio;有的提出新的理论或模型,例如,Shih 提出的信息需求雷达模型等。

推送服务方面研究了自动推荐系统在新闻、网络文学、网摘、文献、文档、图像、地图等方面的应用,未见结合专利文献结构特征的需求推送研究。

专利文献的有关需求或推荐的研究,多采用传统调查法或理论,需要用户判断、描述,增加了用户的负担,且可重复性差,而仲伟炜的研究未考虑个人的差异性。

总的来说,基于网络的用户主动推送服务已得到一定的开展和应用,且基于阅读行为的兴趣研究得到快速发展,但关于用户的专利文献阅读行为的研究和应用有待开展。专利文献阅读行为的兴趣挖掘研究,或基于此提供个性化推送服务,是一个新的非常有意义的课题。

3.6　本章小结

本章利用 CiteSpace Ⅲ软件对基于阅读行为的兴趣研究进行宏观把握,分别从阅读行为研究的学科分布、重要区域或国家、机构合作、研究热点、高影响力著者、代表性文献以及期刊分布等情况进行分析,发现目前专利文献的阅读行为研究还属空白,有待深入开展。同时对现有阅读行为、兴趣、推送服务及针对专利的研究进行分析,总结现有的相关研究。

4 用户专利文献阅读行为兴趣模型构建

针对现有研究的不足,提出基于专利文献阅读行为的兴趣模型。一方面可以探究专利文本内各部分的重要程度及各部分间的关联情况,另一方面能够为用户提供个性化主动推送服务。用户在与系统界面交互中会产生一些基础性行为信息,例如,眼动轨迹、生理感应、受访者情绪(有兴趣、无所谓、无兴趣)——自身语言提示、困惑之处,计算机桌面活动——鼠标的移动、点击(即时兴趣点),键盘输入(关注专利信息),窗口的打开、关闭、缩放(专利信息链接),页面间切换(专利信息链接)等。本研究通过对此类行为数据进行收集,不受人为因素的影响,结论较为客观、准确。

4.1 阅读行为指标的选取

阅读过程中眼球的运动是跳跃式的,跳跃之间有一个相对静止的状态,称为注视,持续时间为 100~500ms。图 4.1 为实验过程中,某个受测者阅读计算机科学领域的专利文献《共面波导馈电的超宽带分形天线》时的注视轨迹图。

图 4.1 是该篇专利文献的扉页与权利要求上所得到注视点的顺序和位置示意图,圆点大小代表注视时间,圆点中的数字代表注视点的顺序。图中显示该受测者为正序阅读,并在阅读权利要求时对照了摘要附图。

用户阅读时的诸多行为都能揭示用户的偏好,如查询、阅读和标记页面、键盘前进与后退等。用户阅读时的注视时间、注视次数等动作可以揭示用户的兴趣。对这些行为进行量化计算,以探究其与用户兴趣关联的程度。用户对信息产生兴趣时的行为分为:时间维度(如阅读时间)、频次维度(如访问次

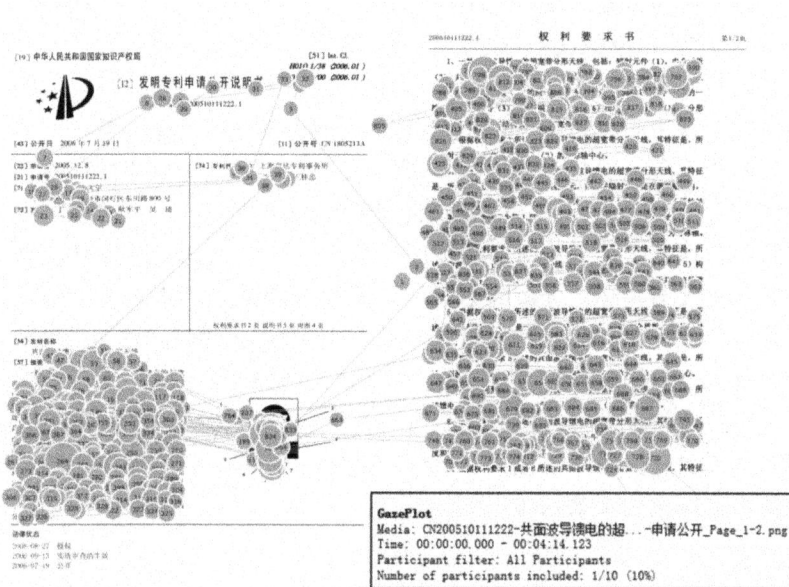

图 4.1 注视轨迹

数)和行为维度(如收藏行为、浏览行为及检索行为)。查询、标记等的操作行为增加了文献阅读访问时间与次数,因而能直接简化处理为后者,用来揭示用户的需求、兴趣。

本研究通过基于眼动实验的用户阅读专利文献行为研究结果发现,首次注视时间、眼跳距离及阅读速度等指标,不太适用于度量用户专利文献阅读兴趣度,从而确定对兴趣度有重要影响的阅读行为关键指标为以下四种:相对访问时间、相对注视次数、瞳孔直径缩放比和回视次数。

4.1.1 相对访问时间指标

人类视觉的大部分信息来源于注视的场景,访问是从首次注视兴趣区至注视移出该区的时间片段。总访问时间(包含回视时间)统计的是兴趣区中的所有注视点的持续时间之和。通过分析间接行为(间接反映用户兴趣的浏览/阅读行为)之间的相关性,揭示了注视是估计用户兴趣度的最佳行为之一。事实上,具体访问时间与专利文献的信息总量是密切相关的,文献篇幅越长,访问时间越长。为排除篇幅长短不同的影响,以更客观地反映各兴趣区的兴趣差异,本研究使用单位面积(即每个像素)访问时间进行计量,具体为某要素总访问时间与该要素所占的像素面积比,以表示受测者对兴趣区的注意力持续性。单位面积访问时间越长,受测者对此区域中的内容越感兴趣。

如图 4.2 所示,Media 1 中某一受测者访问 AOI B 的总时间=第一次访问 AOI B 的时间(6,7)+第二次访问 AOI B 的时间(14)。受测者一般在专利文献的各要素上的阅读时间是不固定的,为了排除各受测者的阅读速度或效率对各要素的兴趣区分影响,对每位受测者的数据进行归一化处理,具体为某要素的单位面积访问时间除以该要素所在专利文献所有要素的单位面积访问时间总和,得相对访问时间值。样本量越大(特别是在超过 25 人以后),样本的中位数在估算总体中位数上表现越好,越应该作为最好的任务平均值使用。对实验数据归一化处理,与某要素的单位面积访问时间经中位数运算,所得的各要素间比例关系基本一致。

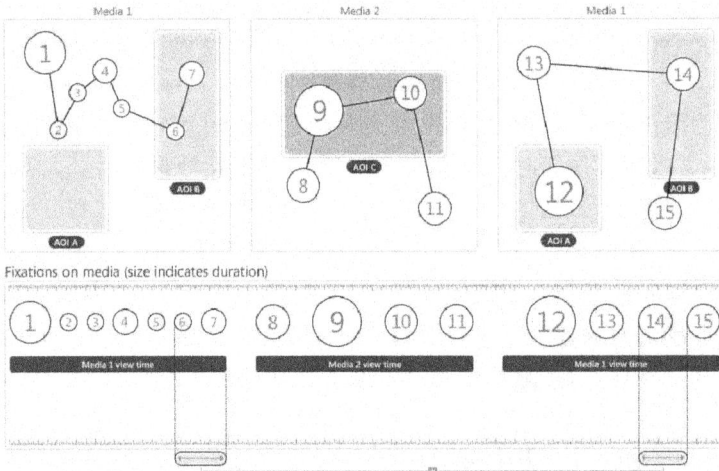

图 4.2　总访问时间计算原理图

4.1.2 相对注视次数指标

用各兴趣区内的注视点的个数表示该兴趣区的注视次数。眼球对所注视内容认知加工结束后,出现眼跳,进行下一注视。注视次数反映了被测试者的信息加工熟练程度、加工策略以及阅读材料对受测者的难易程度,是估计用户兴趣度的最佳行为之一。从知识组块的角度来看,注视点实为信息块。信息块愈多,阅读者关注的机会就愈多,理解的可能性也就愈大。

图 4.3 中,Media 1 中 AOI B 某一受测者的注视次数=注视点 6+注视点 7+注视点 14=3。与访问时间情形类似,将某要素的单位面积注视次数除以该要素所在专利文献的所有要素的单位面积注视次数总和,得相对注视次数。

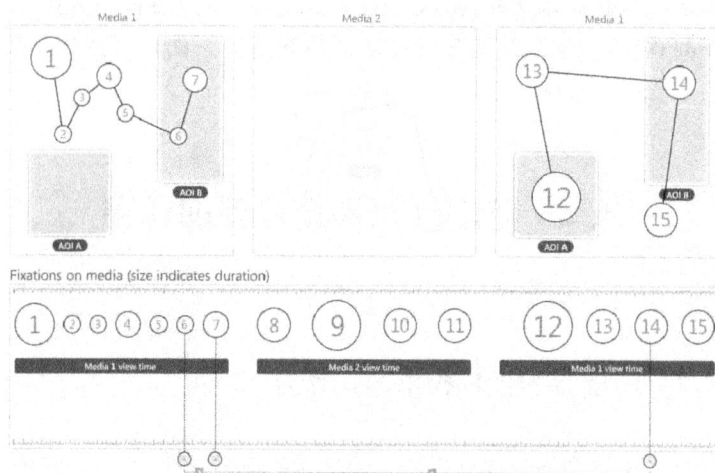

图 4.3　注视次数计算原理图

4.1.3 瞳孔直径缩放比指标

现有研究表明,瞳孔直径与情绪、动机和态度有关。瞳孔大小变化在一定程度上反映了人的心理活动情况,如心理负荷、语言加工。瞳孔放大是心理努力的敏感指标。读书入迷的人和对某些事物有浓厚兴趣的人,他们的瞳孔都会不同程度地放大。对文献的某部分的注视时间长、次数多,瞳孔直径增大,表明用户对该部分内容感兴趣,将重点推荐这类信息。

将用户在某一兴趣区内注视时的所有瞳孔直径的平均值作为平均瞳孔直径。将某要素的平均瞳孔直径除以该要素所在整篇专利文献的平均瞳孔直径,作为该要素的瞳孔直径缩放比。

4.1.4　回视次数指标

眼跳是注视之间飞快的扫视动作。回视是一种回溯性的眼跳,指对关键区域完成一遍注视后,对该区域进行再次阅读。回溯性的眼跳和眼跳路线可以揭示人们对所看到的东西,产生疑问、对照、兴趣联系和理解过程等情况。本研究中的回视表示对照、兴趣联系的情况,并结合测后 RTA 访谈验证。回视次数包括出次数与入次数,出次数是从注视点落在某区间时开始,从该区间引发回视的频次,入次数是回视落在某区间的频次。回视次数用于后期推送服务中的主题组合搭配。

4.2　阅读行为指标权重的计算

4.2.1　阅读行为指标权重的计算方法

本研究采用改进的层次分析法构建阅读行为指标与兴趣度的定量关系。层次分析法(AHP)利用 1~9 的赋值方法来判定重要性级别,按两指标间的对比结果构建分值矩阵,称为判断矩阵。由于层次分析法无法避免主观性较大的缺点,且传统标度不能确保判断矩阵的一致性,因此,姚敏引入模糊一致矩阵,对 AHP 进行改进,用 0~1 标度代替 1~9 标度进行判断矩阵的构造,从而得到模糊层次分析法,其一般过程如下。

(1)建立模糊互补矩阵 $\boldsymbol{F}$。

$$f_{ij} = \begin{cases} 0.5 & s(i) = s(j) \\ 1 & s(i) > s(j) \\ 0 & s(i) < s(j) \end{cases}$$

在 0~1 标度中,0 表示乙指标更重要,0.5 表示两指标一样重要,1 表示甲指标更重要。基于此构造模糊互补矩阵:

$$\boldsymbol{F} = (f_{ij})_{n \times n}$$

(2)建立模糊一致性矩阵 $\boldsymbol{R}$。

对模糊互补矩阵按行求和,记为:

$$r_i = \sum_{k=1}^{n} f_{ik} \tag{4.1}$$

并通过如下数学变换:

$$r_{ij} = \frac{r_i - r_j}{2n} + 0.5 \tag{4.2}$$

将模糊互补矩阵 $\boldsymbol{F} = (f_{ij})_{n \times n}$ 转换成模糊一致性矩阵 $\boldsymbol{R} = (r_{ij})_{n \times n}$。

(3)求各因素排序权重。

通过方根法:① $a_i = \prod_{j=1}^{n} x_{ij}, i = 1, 2, \cdots, n$;② $\overline{w_i} = \sqrt[n]{a_i}$;③ $w_i = \dfrac{\overline{w_i}}{\sum\limits_{i=1}^{n} \overline{w_i}}$,

计算所有因素的排序权值 $\boldsymbol{W} = [w_1, w_2, \cdots, w_n]^{\mathrm{T}}$。

4.2.2 利用改进的 AHP 计算指标权重

采用 0~1 标度法,针对相对访问时间、相对注视次数和瞳孔直径缩放比指标,且阅读访问时间更能体现用户兴趣,综合专家评议结果,构造模糊互补矩阵如下:

$$\boldsymbol{F} = \begin{bmatrix} 0.5 & 1 & 1 \\ 0 & 0.5 & 0 \\ 0 & 1 & 0.5 \end{bmatrix}$$

利用转换式(4.1)和式(4.2),将模糊互补矩阵转换为模糊一致性矩阵。

$$\boldsymbol{R} = \begin{bmatrix} 0.5 & 0.833 & 0.667 \\ 0.167 & 0.5 & 0.333 \\ 0.333 & 0.667 & 0.5 \end{bmatrix}$$

建立的模糊一致性矩阵不需进行一致性检验。最终,通过方根法计算各项指标权重,可得三个指标的权重系数 $\boldsymbol{W} = (w_1, w_2, w_3) = (0.4543, 0.211, 0.3347)$。

4.3 用户兴趣模型的建立和更新方法

同时选取用户阅读专利的行为进行进一步的眼动跟踪研究,通过 Tobii T60XL 对眼动数据进行处理和分析得出用户注视点数量在各兴趣区的差异,并通过对视线扫瞄轨迹的观察与分析获取用户在该过程的视线扫瞄模式。眼动追踪技术可以捕获用户眼球相关的多种数据,行为学中常用的眼动数据主要包括以下三种:扫视、注视和平滑尾随跟踪。眼动追踪的特点在于:可以客观、精确地获得用户浏览的热点图和扫瞄路径图等注视、注意信息,但是该方法不能向实验者解释用户为什么注意某一对象。此时,可以利用回溯大声思考法帮助分析眼动数据。例如,在没有打开全文的情况下,浏览热点在专利的哪个部分(篇名、发明者、申请人、专利权人、摘要);在打开全文的情况下,浏览热点在专利的哪个部分(扉页、权利要求、具体实施方式);或者在各部分的停留时间对比。

为了建立更准确、合理的用户兴趣模型,真实、可靠地反映他们阅读文献时的兴趣需求,最终高效、准确地给这类科研用户提供个性化的推荐服务,本研究结合用户显性和隐性反馈信息,经过处理分析建立用户兴趣模型。

4.3.1 用户兴趣度

兴趣度代表用户兴趣要素(模块)或主题的数值。为了探究专利文献各部分的优先级,便于高效地推荐重要部分,本研究按专利文献的结构或功能特征,将其划分为不同的兴趣区或要素 x。

在研究专利文献的拓扑结构中,专利文献的要素兴趣度指的是所有受测者对某一要素兴趣的综合值。为了得到受测者兴趣度 I_x 与受测者眼动跟踪特征之间的定量关系,本研究通过实验分析挖掘受测者兴趣度的函数表达式。根据某个要素在所有受测者范围内的相对访问时间、相对注视次数及瞳孔直径缩放比来计算要素兴趣度。

而在研究主动推送微服务中,专利文献的主题兴趣度指的是单个受测者对某主题兴趣的数值。受测者对区域内容关注时,会自动生成高兴趣的主题区。根据该位受测者对主题区的相对访问时间、相对注视次数及瞳孔直径缩放比来计算主题兴趣度。兴趣度与用户对要素(模块)或主题内容的关注强度成正相关,若值较大,将优先、重点推送此类信息。

4.3.2　阅读兴趣模型建立

阅读兴趣模型能够表示用户的兴趣需求。用户阅读兴趣模型建立是从关于用户需求表达和行为的信息中提炼出可量化兴趣模型的过程。当前常用的用户模型的表示方法包括主题的表示、用户书签的表示、关键词的表示、粗兴趣粒度和细兴趣粒度的表示、基于神经网络的表示、基于本体论的表示和基于向量空间模型的表示等方法。本书先采用细兴趣粒度(集簇)表示法,求得主题的微兴趣度,然后使用基于向量空间模型表示用户阅读兴趣模型,如图 4.4 所示。

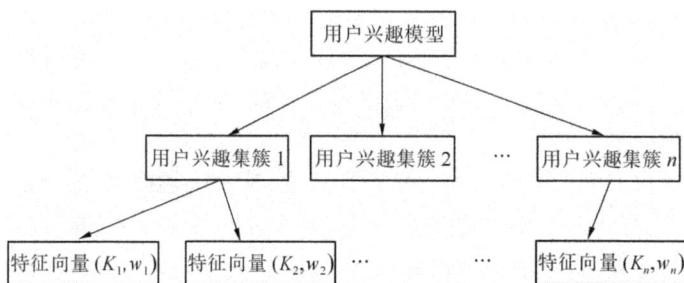

图 4.4　用户阅读兴趣模型

设用户登录阅读文献,则用户兴趣的多维空间向量模型可采用三元组表示: $U_i = \{K_i, w_i, T_i\}$。其中, K_i 为用户感兴趣内容中提取的关键词或特征词; w_i 为 K_i 的权重系数,代表用户对词 K_i 的关注程度; T_i 为对权重 w_i 最新的更新时间,初始值为 0,用以记录用户兴趣的更新。当检测到用户改变检索策略时,将模型初始化,以删除用户以往需更新的信息。

4.3.3 用户阅读兴趣模型的更新

为了精准地记录用户兴趣信息,有必要适当地更新兴趣向量,以满足用户兴趣的变化。用户模型更新采用改进版 TF-IDF 算法[具体描述参见第 6 章式(6.8)],每个词 t_i 更新至兴趣向量中,具体公式为:

$$w_i'(t) = \frac{\delta}{\delta + (T_i' - T_i)} \times w_i(t) + \beta \times \mu \times W_i(t,d) \qquad (4.3)$$

T_i 是第 i 词项的更新时刻;$w_i(t)$ 是第 i 词项的权系数;$w_i(t,d)$ 是第 i 词项在其所处文本 d 中的权重系数;$W_i'(t)$ 与 T_i' 是 $w_i(t)$ 与 T_i 的更新数值,也就是说 T_i' 是系统的当前时刻;δ 为遗忘参值,数值小代表关于已有的兴趣遗忘快;β 是学习参值,数值大代表关于新的兴趣学习快;用户标记、复制、检索或点击触发特征词 t_i,则 $\mu = 1.2$,用户阅读特征词 t_i 后下载或打印其全文,则 $\mu = 1.5$。

4.4 本 章 小 结

在本章中,从眼动追踪角度构建了四个阅读行为指标,包括相对访问时间、相对注视次数、瞳孔直径缩放比和回视次数,构建基于专利文献阅读行为的用户兴趣模型。

根据用户专利阅读行为估计用户兴趣度,建立兴趣模型,结合后测问卷和访谈,总体上统计所有受测者,构建专利文献用户阅读行为的兴趣拓扑结构;面向个人或企业,提供主动推送微服务。本章聚焦于专利文献阅读兴趣的研究,基于专利文献阅读行为,构建用户兴趣模型,不但可以对专利文献要素进行拓扑结构表示,探究了专利文献对用户的吸引力,而且构建了专利文献的主动推送模型,为用户提供主动推送服务。

5 用户专利文献阅读兴趣挖掘及其拓扑结构表示

本研究根据用户专利阅读行为估计用户兴趣度,挖掘用户的兴趣点,结合后测问卷和访谈,构建专利文献用户阅读行为的兴趣拓扑结构。实验获取用户需求的方法主要包括两种:

(1)直接行为记录,用户填写的测前问卷、测后问卷及用户提供的检索策略等;

(2)间接行为记录,系统收集、处理用户阅读过程中的追踪数据等。

专利文献具有重要的应用价值,如何将眼动研究应用于发现用户的专利文献阅读兴趣,从而为用户提供个性化的专利知识服务,是本研究要解决的主要问题。本研究利用 Tobii T60XL 眼动仪,选择江苏大学 30 名从事科学研究工作的教师和研究生作为受测者,客观地记录受测者阅读专利文献的眼动过程,从而充分挖掘用户潜在的具体需求,包括问卷中受测者表达出来的关注点。利用专利文献的特殊编排格式,将专利文献划分为不同的兴趣区(AOI)或要素,结合各兴趣区的眼动行为数据和测后 RTA 访谈,分别从潜意识和意识的层面,揭示用户对专利文献中不同要素的兴趣情况及各要素之间的兴趣相互关联程度,表示成拓扑结构。

5.1 专利文献的结构特点与兴趣区划分

5.1.1 专利文献的结构特点分析

各国专利文献采用统一的编排方式,由说明书/单行本扉页(第 1 页)、权利要求书、说明书正文和附图(如果有)所组成。而权利要求书、说明书正文和附图在各国和地区专利文献的公开说明书/专利单行本中的布局位置不尽相同,如表 5.1 所示。

表 5.1 部分区域的专利单行本编排结构

布局顺序	PCT 国际/欧洲/法国专利	美国专利	英国专利	德国专利	中国/日本/韩国专利
1	扉页	扉页(专利引证信息包含主要审查员)	扉页	扉页	扉页
2	描述部分	附图(如果有)	附图(如果有)	描述部分	权利要求
3	权利要求	描述部分(可能含相关专利申请的交叉引用)	描述部分	权利要求	描述部分(含附图标记列表)
4	附图(如果有)	权利要求	权利要求	附图(如果有)	附图(如果有)
5	检索报告(如果带)	—	检索报告(如果带)	—	—

注:其中,扉页包含摘要,描述部分包括技术领域、背景技术、发明内容、附图说明及具体实施方式。

扉页内容依次包括著录项目、说明书摘要和摘要附图(如果有)。扉页上的著录项目包括申请号、申请日、优先权数据(如果享有优先权)、申请人及地址、发明人等。

专利文献具有法律信息特征,是实施法律保护的依据,其法律状态有公开、实审请求生效、授权、专利权的终止及无效等。

权利要求通常包括独立权利要求和从属权利要求。独立权利要求记载解决技术问题的全部必要技术特征,是保护范围最大的权利要求;从属权利要求则记载了优选方案的技术特征。

专利说明书正文依次包括名称、技术领域、背景技术、发明内容、附图说明、具体实施方式及说明书附图。其中,发明内容包含发明目的/要解决的技术问题、技术方案和有益效果。

5.1.2 专利文献的兴趣区划分

申请人考虑到专利布局、战略,专利文献与一般类型文献的名称描述不同,通常论文的题名要体现研究实质内容及其创新点,而专利文献的名称常常较笼统、隐晦,最核心的创造点及技术方案一般不出现在专利名称中。因此,本研究将专利文献名称归入摘要要素中。

根据中国专利文献的内容编排结构,将整篇专利文献划分为 12 个兴趣区,对应着专利文献的 12 个要素,如表 5.2 所示。

表 5.2 　　　　　　**各兴趣区代码与专利文献要素名称对照表**

要素	名称	要素	名称	要素	名称
AOI-1	申请日、优先权数据	AOI-5	独立权利要求	AOI-9	技术方案 (发明内容中)
AOI-2	申请人及地址、发明人	AOI-6	从属权利要求	AOI-10	有益效果
AOI-3	名称、说明书摘要、摘要附图	AOI-7	技术领域、背景技术	AOI-11	具体实施方式
AOI-4	法律状态	AOI-8	发明目的	AOI-12	说明书附图

实验中兴趣区的划分如图 5.1 所示。

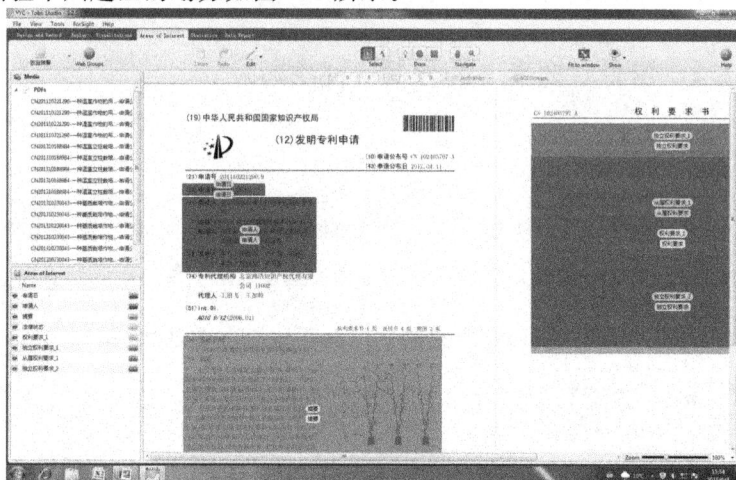

图 5.1　实验中兴趣区划分示例

5.2 用户对各要素的兴趣度计算

首先,对受测者进行编号,将受测者分别标记为 $U_1, U_2, \cdots, U_n$。根据受测者测后访谈,每位受测者选定最感兴趣的一篇专利文献作为数据对象,即针对所有受测者各自最感兴趣的 1 篇专利文献,共 n 篇次的阅读行为进行分析。

以下为每篇次专利文献中要素 x 的用户兴趣度 I_x 的计算过程。

5.2.1 用户对要素 x 的相对访问时间

$$T_x = \sum_{i=1}^n \frac{t_i}{S_x t_i'} \tag{5.1}$$

其中,n 为受测者人数;t_i 为第 i 个受测者阅读专利文献时对要素 x 的访问时间;S_x 为该专利文献要素 x 的面积(用像素表示);t_i' 为第 i 个受测者阅读要素 x 所在专利文献所有要素的单位面积访问时间之和,即 $t_i' = \sum_{x=1}^{12} \frac{t_i}{S_x}$;$i=1,2,\cdots$;$T_x$ 为所有受测者在所有专利文献的要素 x 上的相对访问时间总和。

5.2.2 用户对要素 x 的相对注视次数

$$C_x = \sum_{i=1}^n \frac{c_i}{S_x c_i'} \tag{5.2}$$

其中,n 为受测者人数;c_i 为第 i 个受测者阅读专利文献时对要素 x 的注视次数;S_x 为该专利文献要素 x 的面积(用像素表示);c_i' 为第 i 个受测者阅读专利文献要素 x 所在专利文献所有要素的单位面积注视次数之和,即 $c_i' = \sum_{x=1}^{12} \frac{c_i}{S_x}$;$i=1,2,\cdots,n$;$C_x$ 为所有受测者在所有专利文献的要素 x 上的相对注视次数总和。

5.2.3　用户对要素 x 的瞳孔直径缩放比

$$E_x = \sum_{i=1}^{n} \frac{e_i}{S_i e_i'} \tag{5.3}$$

其中,n 为受测者人数;e_i 为第 i 个受测者阅读专利文献要素 x 的平均瞳孔直径;e_i' 为第 i 个受测者阅读专利文献要素 x 所在整篇专利文献的平均瞳孔直径;E_x 为所有受测者在所有专利文献的要素 x 上的瞳孔直径缩放比总和。

5.2.4　计算各要素的阅读兴趣度

根据式(4.1)～式(4.3),要素的阅读兴趣度计算如下:

$$I_x = 0.4543 \times \frac{T_x}{T'} + 0.211 \times \frac{C_x}{C'} + 0.3347 \times \frac{E_x}{E'} \tag{5.4}$$

其中,T' 为阅读单篇次专利文献时对所有要素的相对访问时间总和,即 $T' = \sum_{x=1}^{12} T_x$;C' 为单篇次专利文献阅读时所有要素的相对注视次数总和,$C' = \sum_{x=1}^{12} C_x$;E' 为阅读单篇次专利文献时所有要素上的瞳孔直径缩放比总和,即 $E' = \sum_{x=1}^{12} E_x$,则:

$$I_x = 0.4543 \times \frac{T_x}{\sum_{x=1}^{12} T_x} + 0.211 \times \frac{C_x}{\sum_{x=1}^{12} C_x} 0.3347 \times \frac{E_x}{\sum_{x=1}^{12} E_x} \tag{5.5}$$

5.3　兴趣区之间的关联分析

用户阅读时进行回视,有利于对阅读对象进行更深层次的加工,通过选择式回视,能够对照理解不同兴趣区的内容。回视次数越多,表明兴趣区间的联系越密切。本研究从回视出次数出发,利用以文本格式导出的兴趣区数据,人工去除扫视及无效的注视数据,筛选选择式的回视,不考虑方向,计算各兴趣区回视次数的关系矩阵。

5.4　用户阅读兴趣的要素拓扑结构表示方法

根据上述实验数据分析结果,利用 Gephi 软件,构建了摘要、背景技术、发明目的等 12 个要素的兴趣拓扑关系图。节点表示各要素;节点大小表示用户对该节点所对应的专利文献要素的兴趣度,节点越大,表示用户对专利文献该要素的兴趣度越大;节点间连线的粗细即权重,代表兴趣区间回视次数;节点间的连线的距离近似于兴趣区之间回视次数的倒数;节点间回视次数越多,体现为节点间距离越近及连线越粗,表明两要素之间的兴趣相互关联度越紧密。

5.4.1　实验

实验完整环节链图如图 5.2 所示。

图 5.2　实验完整环节链图

(1)实验对象。

根据布雷恩英神经咨询有限公司统计,眼动实验发现,8～10 人为定性研究,30～60 人为定量研究。为了减少实验材料和受测者的影响,本研究从江苏大学的农业工程、计算机科学和流体机械三个学科里,招募视力正常从事科研工作的教师和研究生,分别为 12 人、10 人和 8 人,共 30 人。完成实验后,受测者获得少量报酬。实验后期查验样本的采样有效性,剔除采样率较低的 4 名受测者数据,有效数据为 26 人,结果如表 5.3 所示。

表5.3   **实验人员与阅读材料表**

专业	教师人数/ 有效人数	研究生人数/ 有效人数	阅读专利材料
农业工程	5/4	7/7	一种温室作物的吊蔓装置及作物栽培方法
			一种温室立柱栽培均匀采光系统
			一种基质栽培作物的灌溉决策方法及灌溉系统
计算机科学	4/4	6/5	共面波导馈电的超宽带分形天线
			一种大数据量数据处理方法及系统
			传感器
流体机械	4/3	4/3	离心泵
			泵-涡轮机
			真空腔自吸泵

(2)实验仪器。

使用 Tobii T60XL 眼动仪(瑞典斯德哥尔摩拓比电子技术公司生产),取样率为 60Hz,显示屏分辨率为 1920 像素×1200 像素,可以获得受测者阅读中的注视位置、瞳孔直径、注视点持续时间等数据,能将刺激材料进行阅读式呈现。受测者无须佩戴头盔,可佩戴眼镜,允许较大的头动范围。漂移补偿算法保证容许较大的光线差别,同时适合亮瞳和暗瞳追踪。有效的双眼追踪可研究受测者的单只眼动情况,在环境光条件和大而快的头动条件下仍然可保证稳定追踪性能。

Tobii T60XL 眼动仪内部发射一束不可见(或肉眼看不到)的红外线(光源),利用拍摄设备的感光元件感应红外光,以便了解眼动仪的运作原理,如图 5.3 所示。

图 5.3　运行中的眼动仪

红外线照射在眼睛上会发生反射,同时内嵌的眼动摄像机实时捕捉双眼的图像,这样就可以在不影响测试的前提下收集眼睛运动的信息[1]。高质量扬声器和内置网路摄像机可以重播声音刺激材料并记录被测者的面部表情,便于后期数据校验。

(3)实验设计。

以近几年已授权的高质量发明专利文献,即 9 篇中文专利文献(分布在江苏大学较强的三个学科,即农业工程、计算机科学和流体机械,每个学科各 3 篇专利文献)为用户阅读对象。由于直接下载的 PDF 版专利文献不含法律状态信息,故在专利文献的扉页下面新增相关法律状态要素。在 Tobii Studio 软件中,三个学科各自新建学科测试项目,在每个测试项目中添加对应编辑后的 PDF 文档,设置 PDF 文档按双页并排显示,显示尺寸为缩放比 135%,以使阅读效果最佳。结合受测者学科专业,选择对应的学科测试项目进行实验。

实验中材料阅读效果如图 5.4 所示。

管理 Tobii Studio 的实验项目:Tobii Studio 的结构和存储的信息按 3 个层次划分为 Projects(实验项目)、Tests(测试项目)和 Recordings(记录)。最顶层的是 Project,该层包含被试的数据和一个或多个测试项目。每个测试项目包含一个或多个刺激材料,这些刺激材料下层又包含多个被试和一条时间轴。Tobii Studio 信息层次结构如图 5.5 所示。

①　Krik E. Studying web pages using eye tracking. Stockhom Tobii Technology Whitepaper, 2005.

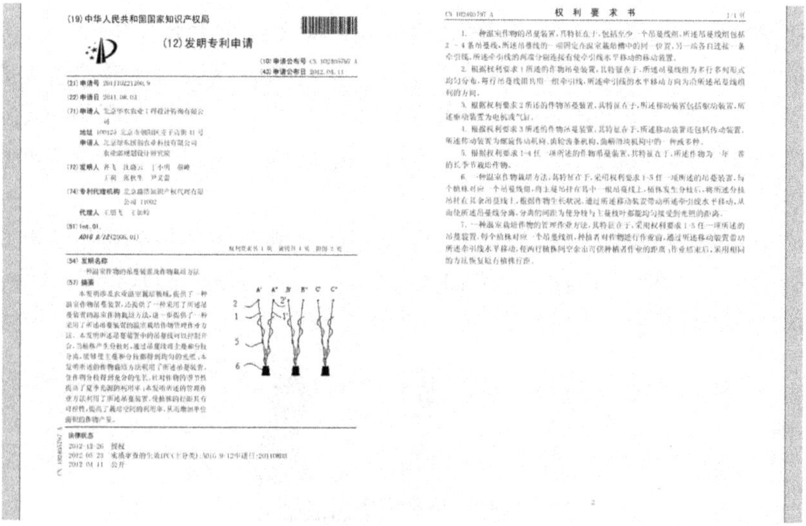

图 5.4 实验中材料阅读效果图

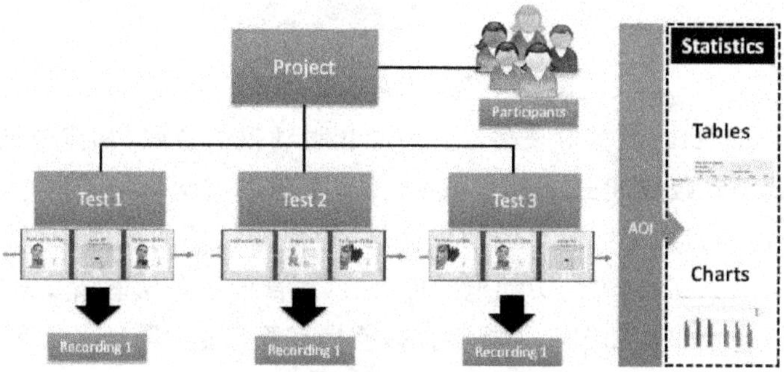

图 5.5 Tobii Studio 信息层次结构图

记录包含了受测者眼动数据和刺激材料的呈现事件(如材料开始和结束呈现的时间,鼠标点击和按键记录),每个记录都与一个受测者及他/她独一无二的定标数据相关联。

(4)实验步骤。

①实验前,请受测者填写一份测前问卷,以了解受测者的背景、平时阅读习惯等信息,如附录 1 所示。

②实验以每次一个受测者单个进行,新建相应受测者的信息。使受测者了解实验的流程、要求,例如:阅读时使用左箭头和右箭头翻页,回放记录与访谈,擦拭眼镜,手机静音,注意头动幅度等。为受测者提供指导语:"请您先想象一个情境:假设您近期有一项还未完成的本领域项目,下面是围绕该课题下载的3篇专利文献,请您阅读它们以解决预想的难点和问题(比如试想您感兴趣的内容)。"

③让受测者坐在屏幕正前面,确保受测者坐姿舒适且与眼动仪的距离控制在约64cm,如图5.6所示。采用九点定标法对受测者的视线进行校准,确保定标结果显示良好。

图5.6　受测者调整坐姿、距离

使用track status窗口来调节受测者和眼动仪的位置(如座位的位置、桌子的位置或眼动仪支架的角度)。受测者的眼睛在该窗口中以两个白色圆点表示,圆点的位置应处于窗口的中央区域,距离指示器的数值应显示为50～80cm(距离64cm时允许的头动范围更大)。底部的彩色状态条显示的是追踪质量,应显示为绿色,如图5.7所示。彩色状态条可显示眼动仪是否可以检测到受测者的瞳孔。绿色代表追踪状态良好,眼动仪可以检测到受测者的两只眼睛。黄色代表眼动仪仅能检测到一只眼睛的瞳孔,追踪状态为一般。红色代表眼动仪无法检测到瞳孔,找不到眼睛。定标结果如图5.8所示。

定标结果图显示的是定标的误差向量,即绿色的线段(每条绿色线段的尺寸代表计算的注视点和实际呈现的定标点之间的差别)。如果某个点的绿色线段较长或没有线段,可考虑对其重新定标。如果出现此情况,重新调整受测者在眼动仪前的位置并检测是否有其他因素对受测者的瞳孔反射造成干扰(例如,有正对眼动仪传感器或直射受测者眼睛的红外光源,眼镜片较脏或有

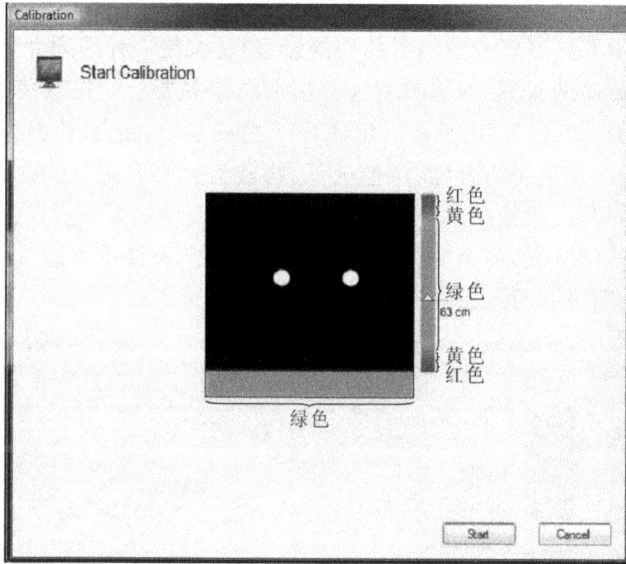

图 5.7　定标对话框

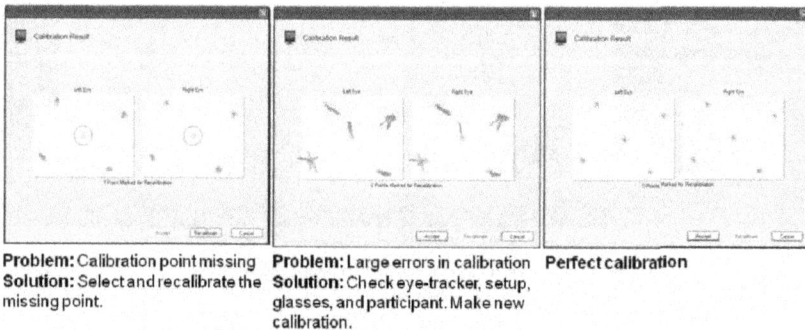

Problem: Calibration point missing
Solution: Select and recalibrate the missing point.

Problem: Large errors in calibration
Solution: Check eye-tracker, setup, glasses, and participant. Make new calibration.

Perfect calibration

图 5.8　定标结果图

划痕,或者是受测者的眼皮下垂)。接受的定标结果图如图5.9所示,见彩插。

　　④在以上实验前的准备结束,并确保受测者理解了实验流程与要求后,进行正式实验。实验中,在指导语的情境下,受测者自行翻页,按照平时阅读习惯,不受干扰,正常阅读,阅读时间不限,数据采集系统对用户阅读行为数据进行采集。此过程中,实验人员在一旁通过监控的屏幕(与受测屏幕内容一致,且包含用户摄像视频),同步观察用户阅读行为,对于重要事件实时做标记,用

于后期结合 RTA 分析。

⑤测后 RTA(可记录受测者的访谈过程)访谈是一种回溯大声思考,给受测者回放其眼动的视频,对受测者进行测后访谈并要求受测者解释其在实验过程中的行为,如图 5.10 所示。记录环节完成后,对受测者进行测后 RTA 访谈,如眼动记录是否吻合(默认情况下,轨迹为受测者感兴趣的部分),阅读习惯、关注的部分、背景技术是否了解,专利文献阅读效果,记录过程中是否有发生思想走神等情况,整个阅读过程中的心理变化及最感兴趣的一篇专利文献等方面,如附录 2 所示。

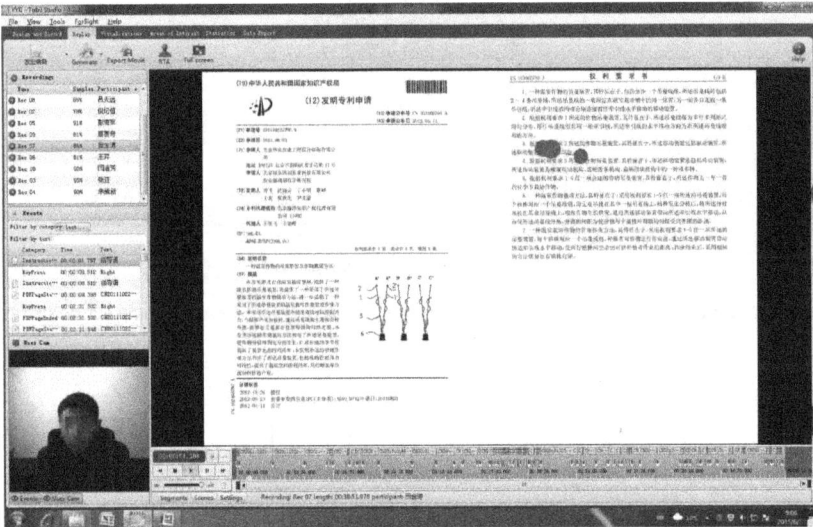

图 5.10　本研究某实验测后 RTA 访谈记录

5.4.2　实验数据分析

(1)实验数据筛选。

本研究采用的瞳孔直径是对左右眼瞳孔直径求平均值。首先,筛选数据。Tobii 按照数据的质量将眼动结果分成 5 级,0 为正确识别,1、3 为估计值,2、4 为不确定,剔除数据有效性为 2 及 2 以上的数据。然后,由于对瞳孔直径为 0 的数值,会对结果产生偏差性影响,瞳孔直径是渐变的,对于空值,可采用左右临近值即前后兴趣区均值的方式插补。

在实验过程中,个别受测者由于身体动作幅度过大、眼睛疲劳或其他生理原因,采集的数据质量(按尝试正确识别到的眼动样本比重计算)低于 80%,将这些数据从实验结果中剔除后,实验有效数据为教师组 11 人,研究生组 15 人。选择每一位受测者最感兴趣的 1 篇专利文献,作为数据处理对象,结合测后 RTA 访谈对实验数据进行清洗和验证。清洗过程中具体使用了 I-VT(眼动速度识别的基准值算法)处理工具将原始数据处理成注视点:当移动速度低于基准值 $30°/s$ 时,数据被标记成注视点;低于持续时间基准值 60ms 的注视点从数据分析中剔除。利用 Tobii Studio、Excel 等软件对经过清洗和验证过的眼动数据进行分析。

(2)定性分析。

①热点图利用各种颜色来区分受测者对一页材料的关注区域。在呈现方式的设置区域,注视点的最高值(个数或持续时间)被设置为最大色值的默认值,用于热点图的颜色分配。选择 6 名对上述专利感兴趣的受测者阅读该文献,并基于相对时间(注视点的持续时间除以每个受测者的图像观察时间),生成热点图,如图 5.11 所示,见彩插。

图 5.11 中,n 为受测者人数,红色代表注视时间最长的区域,绿色其次,两种颜色之间则是一些过渡颜色。其中,摘要是这 6 名受测者最关注的部分。

②针对 6 名受测者阅读该篇专利文献,基于注视次数,生成热点图,如图 5.12 所示,见彩插。

图 5.12 中,红色表示注视点最多的区域,绿色次之,其间有很多过渡颜色。图 5.12 与图 5.11 的颜色跨度相同,能够进行对比。相比之下,图 5.12 中 6 名受测者所阅读摘要的文字部分颜色变冷,权利要求颜色覆盖更广,说明就注视点的持续时间而言,摘要的文字部分比权利要求更长。

(3)定量分析。

①通过对 26 个有效受测者的阅读行为综合分析发现,各要素的相对访问时间、相对注视次数、瞳孔直径缩放比,结果如表 5.4 所示。

表 5.4　　　　　　　　　各要素指标处理后一览表

要素 x	相对访问时间 T_x	相对注视次数 C_x	瞳孔直径缩放比 E_x	要素 x	相对访问时间 T_x	相对注视次数 C_x	瞳孔直径缩放比 E_x
AOI-1	0.982	1.135	26.730	AOI-7	2.139	2.166	25.793
AOI-2	1.683	1.674	26.998	AOI-8	2.259	2.503	25.666
AOI-3	4.716	4.173	26.909	AOI-9	2.602	2.513	25.712
AOI-4	0.428	0.497	27.093	AOI-10	1.968	1.978	26.018
AOI-5	3.302	3.357	25.608	AOI-11	2.216	2.231	25.926
AOI-6	2.515	2.591	25.458	AOI-12	1.191	1.181	25.923

②最后通过式（5.5）计算得到用户对各要素的兴趣度，结果如表 5.5 所示。

表 5.5　　　　　　　　　用户对各要素的兴趣度

要素	AOI-1	AOI-2	AOI-3	AOI-4	AOI-5	AOI-6	AOI-7	AOI-8	AOI-9	AOI-10	AOI-11	AOI-12
兴趣度	0.55	0.718	1.45	0.401	1.124	0.923	0.822	0.872	0.933	0.783	0.845	0.582

注：为了便于对比，兴趣度的数值同时扩大到原来的 10 倍。

此外，兴趣区的访问时间除以注视频次为注视点的持续时间，可考查阅读要素的速度、效率。用户阅读 AOI-3（名称、说明书摘要、摘要附图）和 AOI-9[技术方案（发明内容中）]兴趣区注视点的持续时间最长，分别为 1.13 和 1.035，说明用户阅读这两个区域文字时较仔细，注重细节、深度信息的加工和识别。用户阅读 AOI-4（法律状态）和 AOI-1（申请日、优先权数据）兴趣区注视点的持续时间最短，分别为 0.86 和 0.865，属于短时间注视。由于这两个区域较小，用户可以快速扫读，而且用户不太关注这两个要素，除非撰写、运营专利时重点关注。

③得到各兴趣区回视次数的关系矩阵，如表 5.6 所示。

表5.6　　　　　　　　　兴趣区回视次数关系矩阵

	AOI-1	AOI-2	AOI-3	AOI-4	AOI-5	AOI-6	AOI-7	AOI-8	AOI-9	AOI-10	AOI-11	AOI-12
AOI-1	0	13	5	0	4	0	0	0	2	0	0	0
AOI-2	13	0	14	1	5	2	1	0	0	0	0	3
AOI-3	5	14	0	13	50	72	6	1	7	0	2	5
AOI-4	0	1	13	0	4	0	1	0	0	0	0	0
AOI-5	4	5	50	4	0	93	1	0	2	0	1	3
AOI-6	0	2	72	0	93	0	2	2	1	0	0	3
AOI-7	0	1	6	1	1	2	0	19	10	2	10	12
AOI-8	0	0	1	0	0	2	19	0	50	0	2	0
AOI-9	2	0	7	0	2	1	10	50	0	13	9	40
AOI-10	0	0	0	0	0	0	2	0	13	0	1	0
AOI-11	0	0	2	0	0	0	10	2	9	1	0	160
AOI-12	0	3	5	0	3	3	12	40	0	160	0	0

从表5.6的结果发现,AOI-3(名称、说明书摘要、摘要附图)、AOI-5(独立权利要求)和AOI-6(从属权利要求)间的联系紧密,受测者上下对照阅读明显,与AOI-3中含摘要附图有较大关系。而且,受测者在阅读AOI-9[技术方案(发明内容中)]和AOI-11(具体实施例)时,倾向于参照AOI-12(说明书附图)。上述情况属于回指照应,即当使用附图标记描述发明时,容易出现回视。AOI-8(发明目的)与AOI-9(技术方案)均在发明内容中,关系密切。

④利用Gephi软件,构建12个要素的兴趣拓扑关系图,如图5.13所示。

结合图5.13与测后RTA访谈,结果发现受测者阅读专利时会有如下情况:受测者阅读权利要求时,权利要求已化身为技术要点,而在阅读后面发明内容中与其重复的部分时,会加快速度,导致技术方案(发明内容中)的兴趣度比实际小;受测者阅读发明的背景技术时,根据其中提出的技术问题、创新突破点,对照权利要求的内容,即专利权的保护范围;受测者阅读具体实施方式时,验证发明目的、有益效果;受测者阅读发明内容中的技术方案和具体实施

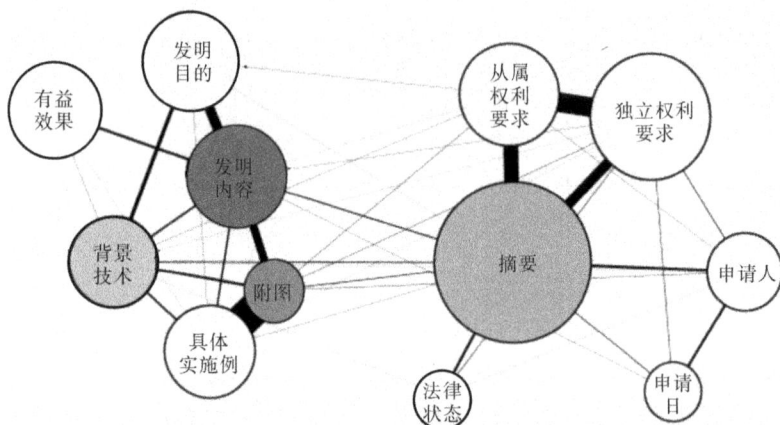

图 5.13　用户兴趣的要素拓扑结构图

方式中具体结构、附图标记等时,对照附图理解;受测者阅读兴趣确定后,查看申请人信息;受测者阅读发明内容后,再详细阅读权利要求等。

　　研究发现拓扑图所显示受测者注视的热点要素,与问卷中关注程度较高要素的结果基本一致。眼动数据显示说明书附图受关注较少,但通过测前问卷和测后问卷调查进一步发现:实际上受测者对说明书附图也有极大关注,这在附图要素较高的注视点的相对持续时间(1.008,排在第三)上也得到体现,可能跟说明书附图为图片形式有关,且其置于专利文献的末尾,导致对照阅读的不便,读者停留时间较少。

5.4.3　实验结果验证

　　阅读专利行为实验后期对数据记录准确性进行检查,剔除采样率较低的4名受测者数据,得26位受测者的有效数据。用户阅读专利文献行为实验的拓扑结构表示的数据处理中,将整篇专利文献划分为12个兴趣区,计算每个兴趣区的兴趣度,利用兴趣拓扑结构赋予特征词位置权重。拓扑结构表示的数据处理中,结合测后问卷验证每位受测者的眼动数据,剔除不一致的数据部分。

　　实验数据处理后,对81位来自多个不同专业的研究生和教师进行调查访谈。介绍相关实验背景及结果后,请他们对专利文献要素拓扑结构图进行效果评价,评价类级 $K=\{$符合,比较符合,一般,不符合$\}=\{1,0.8,0.5,0\}$。去除 3 个无效数据,其中评价为符合的用户 48 人,评价为比较符合的用户 18 人,评价为一般的用户 9 人,评价为不符合的用户 3 人。反馈结果综合评分为 0.858 分。说明该专利拓扑结构能反映绝大部分用户的阅读兴趣,评价为良好。

5.5　本章小结

本章以 Tobii T60XL 眼动仪为工具,选用 26 名视力正常从事科研工作的高校教师和研究生,有效记录其阅读专利文献的行为,取其中的有效数据进行研究。将专利文献的特有编排结构,即每个专利文献被划分为 12 个兴趣区即 12 个要素,结合受测者阅读时的眼动行为、测前问卷、测后 RTA 访谈进行分析。详细描述相对访问时间、相对注视次数、瞳孔直径缩放比和回视次数的计算方法与过程。根据某个要素在所有受测者范围内的访问时间、注视次数、瞳孔直径缩放比三个指标,计算各要素兴趣度;从回视出次数出发,得到各兴趣区回视次数的关系矩阵。研究受测者在各个要素的兴趣度及不同要素之间的兴趣相互关联程度,并构建各要素间的用户兴趣拓扑结构。实验发现:受测者阅读兴趣在专利文献摘要、独立权利要求和从属权利要求之间呈现很强的三角关系,是最感兴趣的关联区域,同时高度关注专利的具体技术方案的详细描述。

6 用户专利文献阅读兴趣向量模型及主动推送微服务研究

基于用户专利文献阅读兴趣向量模型,为用户提供推送微服务。将阅读行为记录技术和问卷访谈法结合起来,对传统的主动服务模型进行改进,主要包括以下过程:计算阅读行为系数权重及阅读微兴趣度;利用用户基本信息、阅读文献内容及阅读行为数据等,结合问卷访谈,采用向量空间模型表示用户兴趣模型;基于文献采集与匹配系统推送文献给用户。具体是通过挖掘用户阅读行为数据,结合用户检索策略和测后问卷等,计算用户关注主题的微兴趣度,并使用向量空间模型表示用户兴趣,微兴趣度是指单个受测者对自动生成的集簇或主题(含若干特征词)兴趣的综合评价。再通过文献采集与匹配,构建用户微服务推送模型,在此基础上提出主动推送微服务模式,从而为用户选择推送的文献。

6.1 推送模型流程

本研究根据阅读行为实验来设计个性化主动推送模型,通过用户的阅读专利文献行为来推测用户需求。所提供的文献推送微服务的流程如图 6.1 所示。眼动数据是推送模型的主要数据来源,系统自动接收实验数据,通过用户阅读的文献中各个区域的时间和回视等情况,基于本研究构建的兴趣模型、关联规则与数据挖掘技术,分析用户对当前文档的需求信息。将需求信息传输至文献服务器,并调用文献数据库的资源与用户需求进行匹配,然后利用文本相似度计算方法将相关文献显示至用户浏览器,完成文献推送服务。

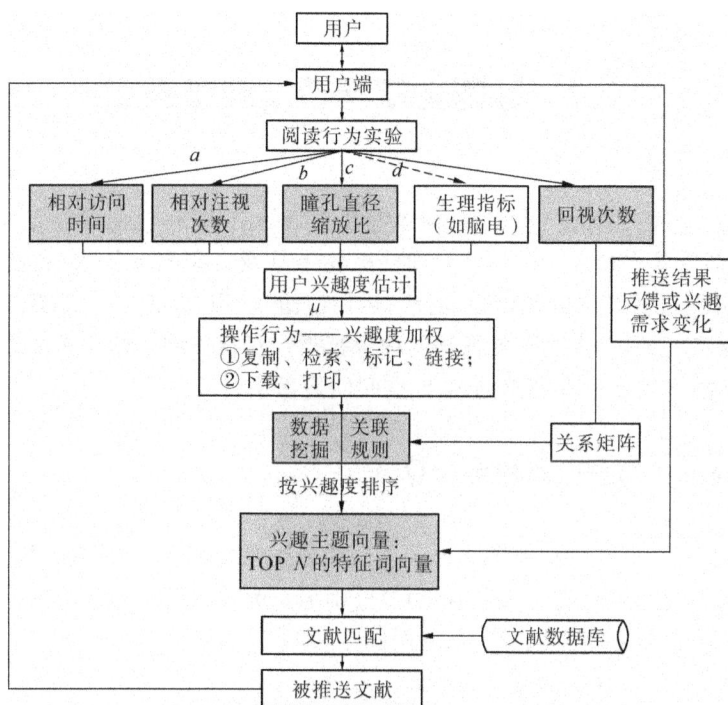

图 6.1　文献推送微服务流程图

图 6.1 中,首先请用户参与实验,实验数据指标包括相对访问时间、相对注视次数、瞳孔直径缩放比和回视次数,后期需要时可加入生理指标,a, b, c 及 d 为各自的指标权重,这里不进行生理指标的处理,初步得到用户兴趣度。根据用户的操作行为,赋以相应系数权重,对已得用户兴趣度进行加权处理,算得最终的兴趣度。兴趣主题向量在用户兴趣向量模型中,包含用户高度关注的特征词信息。假设用户对 M 篇专利文献感兴趣,该 M 篇文献共包含 X 个特征词,则图 6.1 中 $N = X/M$,即选择兴趣度高的特征词向量,样本量为 1 篇专利文献。这里,如果出现相同的特征词,则对它们的权重求平均值,并归并。文献数据库中检索得待推送专利文献,用于跟 TOP N 特征词向量集匹配。利用近似 1 篇专利文献篇幅的高兴趣度特征词向量,与文献数据库检索得到的专利文献进行相似度匹配,进而得到推送结果。

6.2　专利文献的特征向量表示

　　根据专利文献的结构特点,构建专利文献的结构树,以便凸显专利文献 9 要素各部分各自特征;运用分词、词性标注工具及专利文献技术词典,对专利 9 要素分别进行文本的预处理、清洗;运用改进的 TF-IDF 法计算所得新文本集,提取特征词,确定每个特征词的综合权重。对特征词的综合权重进行有序排列,建立专利文献 9 要素的 N 维空间向量模型。

6.2.1　用户微兴趣度计算

　　以下为每篇次文献中主题 x 的单个用户微兴趣度 $I_x{}'$ 的计算过程。

　　首先,对受测者进行编号,将用户分别标记为 $U_1,U_2,\cdots,U_n$。

　　(1)用户对主题 x 的相对访问时间 T_x。

$$T_x = \frac{t}{S_x t'} \tag{6.1}$$

式中　t——受测者对文献中主题 x 的访问时间;

　　　　S_x——该文献主题的面积(用像素表示,数据自动计算创建的集簇图);

　　　　t'——该受测者阅读主题 x 所在专利文献所有主题的单位面积访问时间之和,即

$$t' = \sum_{x=1}^{k} \frac{t}{S_x}$$

式中　k——阅读的主题所在专利文献主题总数。

　　(2)用户对主题的相对注视次数 C_x。

$$C_x = \frac{c}{S_x c'} \tag{6.2}$$

式中　c——受测者对主题的注视次数;

c'——该受测者阅读主题所在专利文献所有主题的单位面积注视次数之和，即

$$c' = \sum_{x=1}^{k} \frac{c}{S_x} \tag{6.3}$$

(3)用户对主题的瞳孔直径缩放比 E_x。

$$E_x = \frac{e}{e'}$$

式中　e——受测者阅读文献主题的平均瞳孔直径；

　　　e'——该受测者阅读时总的平均瞳孔直径。

(4)主题微兴趣度的初步计算。

根据式(6.1)～式(6.3)，并经过归一化计算，主题 x 的阅读微兴趣度

$$I_x'' = 0.4543T_x + 0.211C_x + 0.3347\frac{E_x}{k} \tag{6.4}$$

(5)阅读文献全文前产生的操作行为。

$$I_x' = \mu I_x'' \tag{6.5}$$

当用户阅读主题后标记或点击进入其文献，阅读主题时复制或检索主题内容，$\mu=1.2$；当用户阅读主题后下载或打印其全文时，$\mu=1.5$。

6.2.2　建立专利文献树形结构模型

专利文献是一种结构化的文献，与其他科技文献有诸多不同的地方：专利文献有其自身固定的编排结构特点，包括 IPC 分类号、专利摘要、权利要求书、具体实施方式及附图等信息；专利文献的语言更加严谨，包含了很多专业术语，需要一般领域技术人员的专业知识和技术水平，必要时需要借助专利技术词典。

IPC 分类号为目前国际上通用的专利分类及检索途径，由部-大类-小类-大组-小组形成分类层次完整的体系，其能阐述专利所涵盖的技术范围。一般一个专利的技术方案能分成若干 IPC 分类号，其中最重要的一个分类号为主分类号。实际上，专利的分类号越多，代表其应用范围越广，价值越大。Lerner 认为可用前 4 位 IPC 分类号来表示技术覆盖的范围，并提出范畴越广的专利价值越大，因为在同一产品分类中有更多可能的替代品，并且专利的前

4 位 IPC 分类号的数量与专利被引次数呈高度正相关。因此,本研究将前 4 位的 IPC 分类号作为合理的技术覆盖的范围依据。

本章旨在在上述研究的基础上,建立 9 要素的专利文献树形结构。专利文献树形结构表示如下:把专利文献中各要素间特有的结构称作专利文献树形结构,专利文献树形结构上无父节点的要素是该树形结构的根节点,无子节点的要素是该树形结构的叶子节点,其他要素是中间节点。

需要说明的是,在大部分国家(包含我国)的专利说明书中,被引用文献一般由代理人记载于"背景技术"的部分内。因此,在本研究中计算相似度时,不再单独加入专利引文信息,当用户对某篇专利特别感兴趣或匹配推送的专利较少时,拓展目标专利的来源,包括其引用参考文献、审查对比文件和专利同族。考虑到相关性,一般运算至第 3 代引文,为了节省开支,优选到第 2 代引文。

专利文献树形结构的建立步骤具体如下:

(1)把整篇专利文献当作根节点。

(2)把申请日、申请人、摘要、法律状态、权利要求、描述部分、说明书附图和 IPC 分类号作为中间节点,置于第二层;把被引用的独立权利要求、背景技术、发明内容、具体实施方式和 IPC 分类号的部作为中间节点,置于第三层;把从属权利要求、发明目的、技术方案、有益效果和 IPC 分类号的大类,置于第四层;把从属权利要求当作其所引用权利要求的下位节点;把 IPC 分类号小类当作其大类的下位节点。

(3)将专利名称、摘要文字部分和附图,无被引的权利要求,以及描述部分的背景技术、发明目的、技术方案、有益效果和具体实施方式等作为末尾节点。

上述步骤中,当独立权利要求无引用他的从属权利要求时,独立权利要求为末尾结点,置于第三层。

所建立的专利文献树形结构如图 6.2 所示。标序号的要素,为接下来需要文本预处理及特征提取的要素。

申请日信息是用户进行新颖性检索时,重点关注的部分;申请人信息是用户在了解竞争对手或合作伙伴时,密切想了解的部分;法律状态信息是用户进行侵权检索时,特别注重的部分。这里提供的专利推送服务主要是针对具体的技术描述或特征,暂时不考虑申请日、申请人及法律状态信息,具体到专利文献运用的某一阶段,可选择性加入。

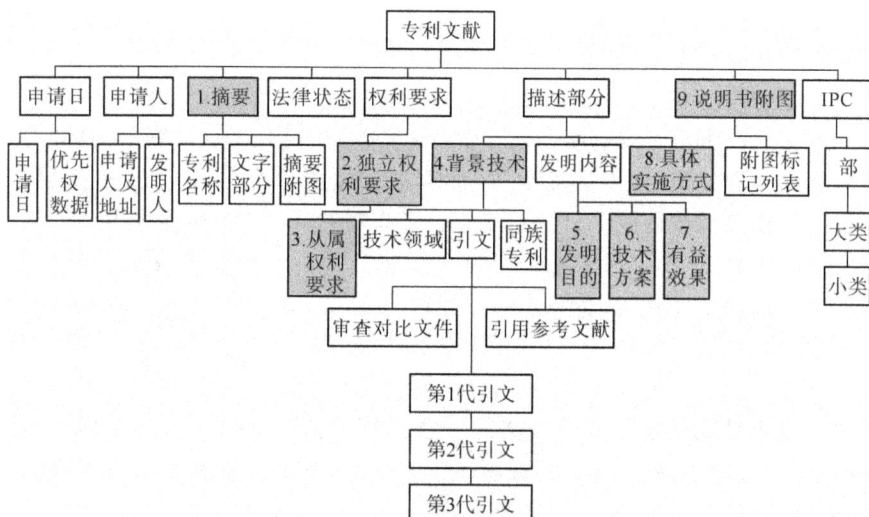

图 6.2 专利文献树形结构示意图

6.2.3 专利文本分词

对专利文献树形结构9要素分别进行文本预处理。其中,摘要、独立权利要求、从属权利要求、背景技术、发明目的、技术方案、有益效果及具体实施方式8要素为文本格式,说明书附图要素为图片形式。这里对附图标记列表处理,对9要素实行文本预处理,去除"所述""一种""的""了"等高频出现又无实际意义的停用词及标点符号、特殊符号,结合专利文献技术词典,通过分词得到新的文本集。这里需要对每个要素分别进行预处理,方便接下来的特征提取。若分词后的文本需要降维处理,采用计算每个特征词的信息增益值的方式,选择值较大的词项。

IPC分类号并非文本格式,而是由字母及数字组成,这里将其部、大类及小类分别表示为对应的字符串。由于前4位的IPC分类号代表技术覆盖的范围,通过它能快速查找发明的核心技术,后面会对其单独处理。

6.2.4　特征提取

传统 TF-IDF 的加权算法关键思路为：文档中高频出现的词项，且其他文档中较少出现，拥有较好的区分度，便于区分文档。TF-IDF 在文献搜寻、分类及其他相关领域得到了广泛的应用。最通用的 TF-IDF 表达式为：

$$\text{TF}_{ij} \times \text{IDF}_j = W(t,d) = \frac{tf(t,d) \times \lg\left(\frac{N}{N_i} + \beta\right)}{\sqrt{\sum_{t \in d}\left[tf(t,d) \times \lg\left(\frac{N}{N_i} + \beta\right)\right]^2}} \quad (6.6)$$

式中，i 是特征词的序号；j 是文本的序号；IDF_j 是特征词 t 对文本主题权重的影响；$W(t,d)$ 是词在文本中的权重；$tf(t,d)$ 是特征词 t 在文本 d 中出现的次数，表示特征词 t 在文本 d 中出现的频次；N 是文本集的样本数；N_i 是出现词 t 的文本数；β 是经验值，通常取 0.01、0.1 或 1；分母是归一化因子。

出现次数越多的词项对文本的影响越大。本研究结合张瑾和周康的改进 TF-IDF 算法：考虑专利文献树形结构 9 要素所在位置、特征词主题及词长对其相似度的影响，即 (t, m_i, m_i', s_i)。

其中，t 是特征词；m_i 是特征词 t 在 9 要素中所处位置的权重；m_i' 是单个用户对 9 要素中特征词 t 所在主题的兴趣权重；s_i 是 9 要素中特征词词长的权重。综合特征词位置权重、用户对特征词 t 所在主题的兴趣权重、特征词词长权重，对综合词项信息的 TF-IDF 算法进行改进。

(1)专利文献树形结构 9 要素中特征词位置权重 m_i 的计算。

从专利文献的内容编排特点来看，不同的专利要素所表达的技术侧重不同。同一特征词处在不同的专利要素中，会影响专利相似度的结果。考虑到所在要素的重要性会影响该特征词的表达能力，利用兴趣拓扑结构赋以特征词位置权重，对特征词位置的重要性进行分析，确定专利文献树形结构中摘要、独立权利要求、从属权利要求、背景技术、发明目的、技术方案、有益效果、具体实施方式及说明书附图的位置权重，记为系数 $m_i(i=1,2,3,\cdots,9)$，如表 6.1 所示。

表6.1　　　　　　　　　　　　　特征词位置权重表

要素 i	特征词位置	权重 m_i	要素 i	特征词位置	权重 m_i
1	名称、说明书摘要	0.174	6	技术方案 （发明内容中）	0.112
2	独立权利要求	0.1348	7	有益效果	0.094
3	从属权利要求	0.1107	8	具体实施方式	0.1014
4	技术领域、背景技术	0.0986	9	附图标记列表	0.0698
5	发明目的	0.1047			

（2）单个用户对9要素中特征词 t 所在主题的兴趣权重 m_i' 的计算。

利用主题 x 的用户微兴趣度 I_x'，对特征词所在主题或集簇的重要性进行分析，反映单个用户对特征词的重视程度，进而确定该用户的个性化兴趣权重 m_i'。

（3）特征词词长权重 s_i 的计算。

特征词的词长对专利文献有着一些影响。由于较长的特征词展现的内容较完整，相对较短的特征词而言涵盖更全面的信息。如专利中的特殊术语，运用分词技术处理掉前缀、后缀后，可能代表不同的含义。所以，这里考虑了专利9要素中特征词词长的影响。特征词 t 的词长记作 k_i，权系数记作 s_i，如式（6.7）所示。

$$s_i = 1 - \mathrm{e}^{-ki} \tag{6.7}$$

（4）对综合词项信息的 TF-IDF 算法进行改进。

依据前述综合的词信息，即从特征词的位置、主题和特征词词长的权重出发，利用 TF-IDF 改进算法，计算特征词的综合权重，记为 $W(t,d)$，如式（6.8）所示。

$$W(t,d) = \frac{m_i' \times s_i \times \sum_N [m_i \times tf(t,x)] \times \mathrm{e}^{\frac{N}{N_i}+0.01}}{\sqrt{\sum_{t \in d} \left\{ m_i' \times s_i \times \sum_N [m_i \times tf(t,x)] \times \mathrm{e}^{\frac{N}{N_i}+0.01} \right\}^2}} \tag{6.8}$$

其中，$tf(t,x)$ 为特征词 t 在文献 d 位置 x 处出现的词频。

（5）提取最优特征向量。

利用 TF-IDF 改进算法，得到每个特征词的综合权重 $W(t,d)$，并进行降序排列，完成特征词的筛选，构建专利特征词向量模型。

处理多个兴趣专利文本时,利用 TF-IDF 改进算法,计算出文本中所有特征词的综合权重 $W(t,d)$,每个专利文本进行向量空间模型表示,然后计算每个特征词综合权重 $W(t,d)$ 的平均值,并作为该特征词的新综合权重值。选择权重排序前 N 的特征词向量,即选取兴趣度高的特征词向量,其特征词样本量为 1 篇专利文献大小,以此构建专利兴趣特征词向量模型,匹配待推送的专利文献。

6.3　推送模型框架

依据文献主动推送模型的流程,本研究将推送模型分为 3 部分:前台数据采集系统(数据搜集)、数据处理系统(用户需求分析与查询)、文献采集与匹配系统(文献匹配及文本相似),具体结构如图 6.3 所示。

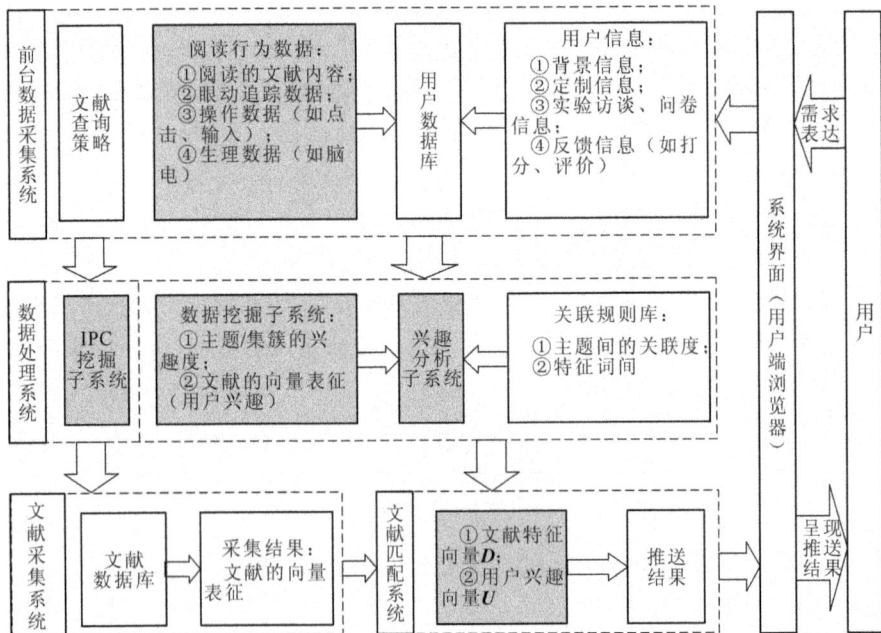

图 6.3　文献推送模型框架

图 6.3 中,利用用户信息与阅读行为数据,计算用户兴趣微兴趣度,结合第 5 章得到拓扑结构的要素权重,进行文献兴趣特征词的向量表示,包括回视次数得到的关联矩阵中高信任度的特征词信息。如果用户不便进行眼动实验,收集用户感兴趣的若干专利文献即可,同样进入数据处理系统,此时,$m_i{}'=1$。用户自己的检索策略,结合挖掘兴趣专利得到的 IPC 分类号,在文献数据库中检索得待推送的文献,与排在前 N 的兴趣特征词向量进行相似度匹配,进而得到最终目标推送文献。

6.3.1　前台数据采集系统

前台数据采集系统的功能分为阅读行为数据的搜集功能和文献的查询与检索功能。使用 Tobii T60XL 眼动仪记录用户在线浏览专利数据库行为,用户自行检索、阅读及下载专利。系统将根据用户信息和视觉信息自动对用户进行周期性的阅读行为实验,每隔一段时间将产生阅读行为实验的数据,系统将不断搜集阅读行为数据并将其传输至数据处理系统的数据挖掘子系统。当用户向系统提交明确需求(键盘输入关键词)时,系统将需求信息整合至数据处理系统的 IPC 挖掘子系统,进而得出用户感兴趣的 IPC 分类号,将得到的 IPC 分类号或用户提供的 IPC 分类号最终传输到文献采集交流,帮助搜索用户所需的文献信息。

前台采集的数据需要编码标号,如将用户分别标记为 $U_1,U_2,\cdots,U_n$,建立关于每一个用户的阅读行为数据记录表。其中,阅读行为实验主要计算项目见表 6.2,次要计算项目见表 6.3。其中由 AOI[兴趣区名称]Hit 字段可得到集簇或主题间的回视次数,即关联度。

表 6.2　　　　　　　　　　阅读行为实验主要计算项目

指标类型	指标名称	指标解释
基础数据	Media Name	刺激材料名称
	Recording Timestamp	记录的时间(ms)
	兴趣区的面积(%)	兴趣区面积/整体图像面积
访问时间	Total Visit Duration	总访问时间(s)
注视次数	Fixation Count	注视点个数统计

续表

指标类型	指标名称	指标解释
瞳孔直径	Pupil Left	左眼瞳孔直径(mm)
	Pupil Right	右眼瞳孔直径(mm)
	Validity Left/ Validity Right	数据的有效性,0代表眼动追踪质量良好,1代表眼动系统的估计值,4代表眼动仪未采集到数据
回视次数	Gaze Event Duration	眼动事件的持续时间
	AOI[兴趣区名称]Hit	兴趣区激活及注视点在该兴趣区情况,0代表兴趣区被激活,但注视点未在兴趣区内,1代表兴趣区被激活且注视点在兴趣区内,每个兴趣区均有对应的一列数据

表6.3 阅读行为实验次要计算项目

指标名称	解释	指标名称	解释
Recording Name	记录名称	Recording Duration	记录持续总时间
Media Width	刺激材料的宽度(像素)	Media Height	刺激材料的高度(像素)
Key Press Event Index	键盘操作序号	Key Press Event	键盘操作行为
Studio Event Index	刺激材料序号	Studio Event	刺激材料事件
Mouse Event Index	鼠标操作序号	Mouse Event	鼠标操作行为
Mouse Event X (MCSpx)	鼠标操作在材料上的水平坐标	Mouse Event Y (MCSpx)	鼠标操作在材料上的垂直坐标
Fixation Index	注视点序号	Saccade Index	眼跳/扫视序号
Gaze Event Type	眼动事件类型	Fixation Duration	注视点的平均持续时间(s)
Fixation Point X (MCSpx)	注视点在材料上的水平坐标的均值	Fixation Point Y (MCSpx)	注视点在材料上的垂直坐标的均值

续表

指标名称	解释	指标名称	解释
Gaze Point X(MCSpx)	扫视点在材料上的水平坐标的均值	Gaze Point Y(MCSpx)	扫视点在材料上的垂直坐标的均值
EEG Alpha(8～13Hz)	脑电 Alpha 波段滤波	EEG Beta(13～30Hz)	脑电 Beta 波段滤波
EEG Theta(4～8Hz)	脑电 Theta 波段滤波	SMR (12～15HZ)	注意力波
EOG	眼电	SC	皮电(kΩ)
EMG Integrated	肌电积分	EMG Root Mean Square	肌电均方根
LF(0.04～0.15Hz)	心率变异性低频段	HF(0.15～0.4Hz)	心率变异性高频段
BVP	血容量搏动	Heart Rate	心率(从血压算得)
Respiration Rate	呼吸频率	Temperature	皮温(℃)
ECG R-R Interval	心电 R-R 间期	ECG R Wave Amplitude	心电 R 波幅度

为了提高系统的可操作性,用户可参与阅读专利文献的实验,数据作为用户兴趣向量模型的基础。当用户不便参与实验时,利用现有的抓取系统采集用户信息及他/她感兴趣的几篇专利文献,直接进入数据处理系统,$m_i' = 1$。

更新模型的时候,用户既可以再一次参与阅读专利文献的实验,又可以只提供自己感兴趣的几篇专利文献。用户只提供自己感兴趣的几篇专利文献时,即直接进入图 6.1 的数据挖掘环节,采用改进的 TF-IDF 公式(6.8)形式化表征文献,$m_i' = 1$。

6.3.2 数据处理系统

本研究主要通过以下三个子系统来处理数据。

(1)数据挖掘子系统。该子系统使用 I-VT 工具处理成注视点,然后利用 Tobii Culster 可视化的算法创建集簇分析图,即设置距离基准值,在背景材料上呈现注视点数据密集的可视化兴趣区。依据集簇兴趣区阅读行为数据的访问时间、注视次数与瞳孔变化率等字段,得到用户对各兴趣区或主题的微兴趣度 I_x 和主题间的关联度。

前台数据采集系统采集回来的数据,保留超过预设的微兴趣度阈值的集簇兴趣区内的文本数据,采用改进的 TF-IDF 公式形式化表征文献,计算集簇兴趣区内特征项集的每一个特征项的权重。

(2)兴趣分析子系统。基于数据挖掘子系统所提取的特征词和特征词关联规则,利用该子系统提取高于兴趣度阈值的特征词,即用户可能感兴趣的文献模块和关联信息,对特征词向量按兴趣度排序。这里,关联数据库通过回视次数构建特征词的关系矩阵,利用关联规则筛选与排序靠前特征词关联密切的特征词,即相对于排序靠前特征词信任度高的且未排在前 N 的其他特征词,放入前 N 个特征词向量中。最终,利用近似一篇专利文献内容篇幅的高兴趣度特征词向量,以此帮助形成用户感兴趣的推送信息。

(3)IPC 挖掘子系统。利用该子系统将用户感兴趣的专利文献中已经做过文本预处理过的前 4 位 IPC 分类号进行特征向量表示,权重为该 IPC 分类号在所有感兴趣的专利文献中出现的词频。对 IPC 分类号的特征向量进行排序,选择排前三的 4 位 IPC 分类号传输至文献采集与匹配系统进行下一步的处理。这里考虑到用户感兴趣的专利文献较多,可以只选择主 IPC 分类号(详见 6.2.2 节)表示特征向量。

6.3.3 文献采集系统

文献采集模块把前台用户所输入的直接需求(即用户信息和查询策略),结合 IPC 挖掘子系统得出的分类号信息,通过现有的文献资源站点(如中国知网专利库、derwent 专利索引库)的检索工具采集初级文献数据。当采集文献数据处理大量专利文献时,在文献数据库中先按照主题排序或相关性排序(反映了结果文献与用户输入的检索词相关的程度),选择靠前的部分专利文献存储,即进行初级检索结果的预筛选,降维处理,消除冗余,减少被处理数据的数量。当用户对某篇专利特别感兴趣或匹配推荐的专利较少时,拓展目标专利的来源,包括其引用参考文献、审查对比文件和专利同族。考虑到相关性,一般运算至第 3 代引文,为了节省开支,优选到第 2 代引文。采用改进的 TF-IDF 公式(6.8)形式化表征文献,此时 $m_i' = 1$。将特征表示的文献结果集与用户模型进行兴趣匹配,根据兴趣匹配度过滤得到用户真正感兴趣的文献集。

用户的兴趣向量 U 和待推送文本词项向量 D 间相似度 $Sim(U,D)$ 能够计算用户关注词 D 的程度。向量相似度的量化利用余弦夹角方法,但实际量化过程中会出现待比较特征矢量的长度不一致,这里采用添零补齐方法解决,所用的夹角余弦函数为:

$$\mathrm{Sim}(\boldsymbol{U},\boldsymbol{D}) = \cos(\boldsymbol{U},\boldsymbol{D}) = \begin{cases} \dfrac{\sum\limits_i w_{ui} w_{di}}{\sqrt{\left(\sum\limits_i w_{ui}^2\right)\left(\sum\limits_i w_{di}^2\right)}}, & |\boldsymbol{U}| \neq 0 \\ 1, & |\boldsymbol{U}| = 0 \end{cases} \quad (6.9)$$

通过式(6.9)算得专利文献相似度分值,数值区间为 $[0,1]$。将待推送的文本集按 $\mathrm{Sim}(U,D)$ 排序得出最后的推送结果,实现主动推送微服务。具体的推送结果数量,根据每位用户的实际情况而定,如某用户在进行新颖性、创造性检索,此时需要推送给该用户相对较多的专利文献,包括一般相关文献。

6.4　基于专利阅读行为的主动推送微服务示例

主动推送模型示例分析。结合实验案例,验证推送模型的可行性、客观性与准确性。采用阅读行为实验法,基于用户阅读文献的访问时间、注视次数、瞳孔直径缩放比与用户阅读兴趣的关系,对实验所得数据进行挖掘,进而推送用户真正感兴趣的文献集。本研究提出的基于专利文献阅读行为的专利主动推送模型,可以应用于实际的专利主动推送微服务中,为建立智能化推送系统提供了思路。

用户阅读专利文献行为实验的主动推送模型的数据处理中,不再手动将整篇专利文献划分为12个兴趣区,而是由数据挖掘分析系统对用户阅读行为数据进行自动生成集簇。从26位受测者中,每个领域随机各抽取1位,合计抽取3位受测者 A、B 和 C 做进一步验证。

首先,分别将用户自行检索的140篇文献储存,当作兴趣模型学习文本集;其次,由文献采集系统分别为用户抽取主题排序或相关性排序的前100篇文献并保存,作为待推送文献集,与学习文本集不交叉重叠;最后,借助兴趣度匹配系统,在兴趣模型基础上,从待推送文献集里筛选推送结果文献。其中,每次从学习文本集里抽出 20 篇进行阅读,要求用户反馈 10 篇他/她最关注的专利文献,以备兴趣模型的更新。

(1)专利文本分词。

预处理受测者 A 感兴趣的 10 篇专利文献的 9 要素,参考专利术语词典,去除大量停用、无贡献的词及非中文字符,进行文本的预处理。针对受测者 A 感兴趣的中文专利文本分词,采用 NLPIR 汉语分词系统。该 10 篇专利文献,技术领域对应的 IPC 分类号为 G06F(电数字数据处理)、H04M(电话通信)及 H03K(脉冲技术)。以一篇所述领域公开号为 CN105094210A 的专利文献 P1《一种控制电子设备的方法及电子设备》的摘要要素为例,预处理文本格式后,结合技术领域词典,处理的部分结果如表 6.4 所示。

表 6.4　　　　　各词项在专利文献 P1 摘要中出现的词频

词项	设备	电子	形变	控制器	用户	支撑	指令	控制	智能	移动	…
词频	12	12	6	3	2	2	2	2	1	1	…

(2)特征提取。

预处理、分词后得到文本集,采用向量空间模型进行处理,实现专利文本的表示。由于用户提供感兴趣专利,此时 $m_i' = 1$。利用上面得到各要素中出现的词项及词频,结合词项的位置权重、长度权重,通过式(6.8)计算出 10 个兴趣专利文本中所有特征词的综合权重 $W(t,d)$,将专利文本表示成带有专利权重信息的向量空间模型,具体表示(保留前 4 位数)如表 6.5 所示。

表 6.5　　　　　专利权重信息的向量空间模型表示

文本/词项	设备	…	电子	…	形变	…
1	0.195	…	0.713	…	0.133	…
2	0.135	…	0.45	…	0	…
…	…	…	…	…	…	…
10	0	…	0.531	…	0	…

计算每个特征词综合权重 $W(t,d)$ 的平均值,并作为该特征词的新综合权重值。得到兴趣专利文献 dx,近似一篇专利文献的内容篇幅,包含排序前 N 的兴趣特征词向量,表 6.6 为专利文献 dx 的最优特征向量。

表 6.6 专利文献 dx 的最优特征向量

词项	电子	通道	开口	控制器	穿戴	机构	风扇	按键	…
综合权重值	0.518	0.237	0.211	0.18	0.11	0.108	0.063	0.044	…

(3)相似度计算。

利用所得特征向量进行专利文献相似度计算。将 100 篇文献集 dz 分别进行文本分词,分词后的文本需要降维处理,采用计算每个特征词的信息增益值的方式,选择值较大的词项。计算后得到待提取特征词的信息增益值(保留前 4 位数)如表 6.7 所示。

表 6.7 待提取特征词的信息增益值表

词项	传感器	电子	构件	按键	开口	数据	鼠标	风扇	…
信息增益值	0.005	0.005	0.004	0.003	0.003	0.003	0.003	0.003	…

词项按值大小排序,删除增益值小于 0.002 的词,留下 63 个特征词作为兴趣特征词。然后,利用上面得到各要素中出现的词项及词频,结合词项的位置权重、长度权重,$m_i' = 1$,通过式(6.8)计算出 100 个待推送专利文本中所有特征词的综合权重 $W(t,d)$,将专利文本表示成带有专利权重信息的向量空间模型。最后,利用所得前 N 个特征词向量与 100 篇专利文本的各自向量,应用于专利文献 dx 和 dz 分别进行式(6.9)的相似度检测,待推送专利文献相似度分值的部分结果如表 6.8 所示。

表 6.8 专利文献 dx 与待推送文献的相似度分值

待推送文献公开号	相似度
CN203232373U	92.08%
CN1265002	91.83%
CN1423482	88.11%
CN1074545	78.91%

续表

待推送文献公开号	相似度
CN1154602	77.14%
CN1177130	75.23%
CN1131292	72.52%
CN2244743	71.84%
CN1532846	71.7%
...	...

经推送模型分别得出农业工程、计算机科学和流体机械领域内每位受测者的推荐结果。后期可采用广泛使用的精准率进行指标评价,计算公式如下:

$$精准率 = \frac{推送的符合用户兴趣的文献数}{推送的文献数}$$

6.5　本章小结

本章为了满足科研用户对文献获取和阅读的高效、便捷及个性化的需求,通过挖掘用户阅读行为数据,结合用户检索策略和测后访谈问卷等,计算用户关注主题的微兴趣度,构建专利文献树形结构模型,针对专利文献中的词项信息提出改进的 TF-IDF 算法,使用向量空间模型表示用户兴趣;再通过文献采集与匹配,构建用户微服务推送模型,分别计算专利文献 9 要素的相似度,加权求和的值就是专利文献相似度,在此基础上提出主动推送微服务模式,从而为用户选择推送的文献,并使用向量空间模型表示用户兴趣。再通过文献采集与匹配,构建用户微服务推送模型,对收集到的专利构建特征词向量模型并进行降维处理,基于专利文献 9 要素加权的夹角余弦定理计算专利文献相似度,从而为用户选择推送的文献。6.4 节为本研究基于专利文献阅读行为分析的主动推送微服务提供一般的方法过程。

7　结论、建议与展望

　　本研究首先利用 CiteSpace Ⅲ 软件对阅读行为的兴趣研究从多个维度进行分析,发现专利文献的阅读行为的兴趣研究有待开展。本研究基于专利文献阅读兴趣,表示各要素间拓扑结构,进而挖掘用户对各要素的兴趣差异及关联,从而为用户主动推送服务的内容决策提供科学依据,提高推送服务的准确性和有效性。

　　结合用户对专利文献各要素的阅读兴趣拓扑结构,赋以词项位置权值,并结合用户一般阅读时的检索兴趣词项,考虑到词项的 IPC 分类号等相关特征,构建了专利文献主动推送模型,以提高专利推送服务的客观性、可测量性和可操作性。

7.1　结　　论

　　本研究依据专利文献的编排和内容特征,将专利文献划分为 12 个要素,通过用户阅读时的眼动行为数据、测前问卷和测后 RTA 访谈,分别从潜意识和意识两个层面,对实验数据进行验证和校对。通过选择 26 位科研工作者对 9 篇专利文献的阅读行为进行实验研究,挖掘科研工作者对专利文献的阅读兴趣,得出以下主要结论:

　　(1)用户对专利文献不同的要素的阅读兴趣度不同。感兴趣的要素依次是:AOI-3(名称、说明书摘要、摘要附图)、AOI-5(独立权利要求)、AOI-9[技术方案(发明内容中)]和 AOI-6(从属权利要求),兴趣度分别达到 1.45、1.124、0.933 和 0.923;对法律状态和申请日等要素的关注相对较少。

根据要素兴趣度的不同,优先推送重要部分。在对科研用户提供专利主动推送服务的过程中,可优先考虑提供摘要和权利要求两部分内容,供其阅读后筛选使用。当相关的专利文献较多时,可优先考虑只提供摘要和独立权利要求,供其参阅与筛选。如果用户需要进一步了解详细的技术方案,可再进一步提供全文。

(2)用户对专利文献不同要素的阅读兴趣间存在关联性。通过用户阅读各要素的兴趣之间的关联分析,构建兴趣要素的拓扑结构,结果发现:用户在对专利文献摘要、独立权利要求和从属权利要求的兴趣之间,体现出很强的三角关系,是大多数科研用户最感兴趣的关联区域。此外,拓扑结构显示用户也高度关注专利的技术方案的详细描述。

根据用户对各要素间的兴趣关联性,首先考虑为其组合推送关联要素,包括摘要和权利要求书。说明书附图能形象、直观地表明发明构思和创造性所在,可弥补专利申请时文字描述的局限性,能很好地起到解释技术方案的作用,弥补用户对专利文本语种(如日语、法语、德语、小语种等)不熟悉的缺陷。此时可为用户推送相关的德温特数据库中由原始摘要改写的英文专利摘要及原说明书附图,供用户对该专利技术方案的构思和创新性进行快速阅读进而掌握。

(3)基于用户对专利文献阅读兴趣要素的拓扑结构,提高主动推送微服务的精准度。利用用户一般阅读时的检索兴趣词项或实验兴趣词项即特征词,结合用户对专利文献各要素的阅读兴趣拓扑结构赋以特征词位置权重,综合特征词位置权重、兴趣特征词微兴趣权重、特征词词长权重,并结合考虑词项的 IPC 分类号等相关特征,从而改进 TF-IDF 算法,最终提高专利相似度计算的精准率和召回率,提高主动推送微服务的用户满意度。

7.2　建　　议

本研究通过挖掘用户需求和兴趣,构建用户兴趣拓扑结构,为向科研用户推送个性化的专利知识服务提供依据。根据研究结果,提供以下建议。

（1）根据用户检索目的不同，提供以下主动推送服务建议。

用户为了解背景技术、产品创新研发等进行阅读时，优先向其推送摘要和发明内容中的技术方案，其次是具体实施例；用户撰写专利申请文件对权利要求进行划界时，为了使其与现有技术划界更准确从而获得最大的保护范围并提高授权率，不仅向其推送摘要和权利要求，还要推送专利检索报告和审查员提供的专利对比文件；用户为规避设计或专利权转让进行专利文献检索时，即为避免将来有专利而不能实施的情况（该专利的权利要求完全覆盖在先专利的独立权利要求，即使能申请专利授权或转让成功，也不能实施），需为其提供专利权利要求书及该专利所引用的在先专利的权利要求书；当用户需要主动侵权和被动侵权检索或咨询时，为判定其行为有没有侵权，优先向其推送申请日、权利要求书和法律状态，因为专利权的保护范围以权利要求书为依据；用户为专利技术引进和产品出口进行检索时，需为其提供引进国和出口国的相关同族专利的权利要求书和法律状态及申请日；用户为专利权无效进行检索时，除了需为其提供其申请日以前的所有相关的国内外专利文献之外，还需提供其他出版类型的公开文本。

（2）根据兴趣拓扑结构，提供二次加工重组附图要素的建议。

目前国际上关于专利文献的编排基本都是将说明书附图统一置于专利文献的最后部分，导致用户在阅读技术内容时，需不断地跳到最后的附图来参阅，实际阅读起来实在不方便，需要根据阅读要求进行二次重组。将说明书附图置于权利要求的对应位置，便于用户阅读时对照附图查看技术。在具体实施例论述附图的地方，将对应的附图插入，便于对照阅读。专利文献中在摘要部分提供的摘要附图为了满足《专利法》规定的尺寸要求，附图往往较小、看不太清，可考虑对其放大，提供一个清晰的大图配合摘要内容。如果整个结构图比较复杂，对创新性部分的结构，可考虑提供局部放大的附图配合推送给用户。

7.3　展　　望

（1）有待进一步丰富研究对象的类型。

针对兴趣不同的用户群体，提供侧重点不同的相关专利知识服务。针对企业专利管理人员、销售人员、政府知识产权管理人员等，对不同群体的用户阅读专利文献的行为进行比较研究分析，以对用户群体的阅读兴趣进行聚类，归纳经典阅读策略、方式。后续的工作将进一步扩大受测者覆盖范围。

（2）有待进一步完善兴趣模型的指标及计算方法。

专利兴趣模型的计算，是一个复杂的过程。本研究提出的相对访问时间、相对注视次数、瞳孔直径缩放比和回视次数指标在一定程度上体现了专利的阅读兴趣，但还需要不断地挖掘、补充，在大量实证分析的基础上，逐步完善基于专利阅读行为的兴趣模型。在专利阅读兴趣模型构建中，有待进一步收集其他生理指标的数据，包括受测者阅读时的脑电信息、面部情感识别等，在更多方面挖掘用户的阅读心理行为，进一步丰富、优化指标和计算方法，从而进一步提高阅读兴趣度计算的精确率和召回率。

（3）有待进一步将专利文献阅读兴趣指标应用于专利文献相似度计算中。

可将用户对不同要素的阅读兴趣应用于专利文献相似度计算过程中词项位置权重的计算，并针对用户相似专利文献检索的目的不同，赋以词项位置权重，从而有针对性地提高专利文献相似度计算的准确性和召回率。

（4）有待进一步将研究范围拓展到用户的检索与阅读行为关联在一起。

除了阅读行为，后续的研究不只是在阅读行为，而且会进一步拓展到同一用户的检索行为过程，将检索和阅读行为结合起来分析；不仅是从眼动数据，还要采集用户信息行为中的脑电和皮电数据，将眼动和脑电进行同步采集和分析，利用脑电参数和事件相关电位，结合眼动数据，进一步研究用户对专利文献的信息行为兴趣，并将应用进一步拓展到专利文献相似度计算权系数的设置。基于脑电和眼动的用户专利信息行为研究思路图如图 7.1 所示。

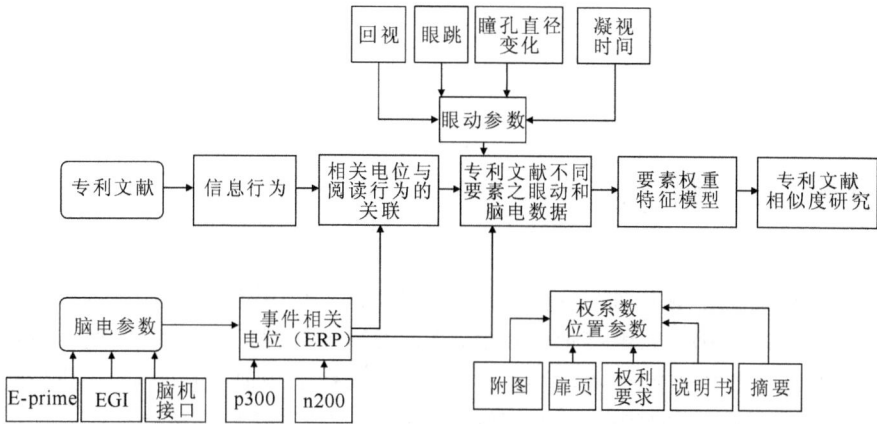

图 7.1　基于脑电和眼动的用户专利信息行为研究思路图

附录 1   测 前 问 卷

首先,非常感谢您抽出宝贵时间参与本次实验。我们的目的是希望通过您的专利文献阅读行为,了解潜在的、没有表达出来的兴趣需求,以便于我们后续为您提供更具有针对性的服务。在接下来的十分钟左右的时间,我们会问一些关于您及您对阅读专利文献的问题(说明:□、○均可选,"√"即可,需要您的输入)。

1.您的基本信息

性别□男　　　　　　　　□女

年龄□20～30 岁　　　　□31～40 岁　　　　□41～50 岁
　　□51～60 岁　　　　□61～65 岁

单位(学院)

专业

职称

学历

研究方向

工作性质□知识产权管理　□技术研发　□销售　□高管
　　　　□教学科研　　　□学生　　　□其他

2.您平均一个月阅读专利文献的次数、篇数(指每次阅读篇数)

□0 次　　　□1～3 次　　　□4～7 次　　　□8 次以上
□0 篇　　　□1～10 篇　　　□11～20 篇　　　□21 篇以上

3.您阅读一篇相关专利文献的平均时间是(单位:min)

□0～5　　　□6～10　　　□11～15　　　□16～20
□21～25　　□26～30　　　□31 以上

4.您是否有查找技术资料的习惯？如果有,常用的是以下哪些?（可多选；如果无,则跳过）

☐图书　　　　☐期刊论文　　　☐会议论文　　　☐学位论文
☐专利文献　　☐标准文献　　　☐报纸　　　　　☐科技报告

5.您更倾向于阅读专利还是其他文献?（回答 a 或 b 中任何一个）

a.倾向于专利（因为○格式统一　○技术新颖）

b.不倾向于专利（因为○附图对比不方便,需打印　○专利结构不习惯
○内容不详细）

6.您平时阅读专利文献主要有（请从主到次标序号,排出前五即可,未涉及的可空缺）

__.中国大陆专利文献　　__.美国专利文献　　　__.日本专利文献
__.欧洲专利文献　　　　__.德国专利文献　　　__.韩国专利文献
__.英国专利文献　　　　__.中国台湾专利文献　__.加拿大专利文献

7.您阅读专利文献的主要目的是（可多选）

☐技术研究　　　　　☐新产品开发　　　　☐技术引进
☐产品进出口,防侵权　☐产品生产,防侵权　　☐产品销售,防侵权
☐申请专利　　　　　☐发表论文

课题、项目（○申报　○鉴定　○报奖　○验收、结题）

☐立项、查新　　☐处理侵权案件　　☐其他

8.您常阅读的专利文献的结构部分是（可多选）

☐著录项目　　☐专利名称　　☐专利摘要文字　　☐摘要附图
专利说明书（○背景技术　○发明内容　○具体实施例）
权利要求书（○独立权利要求书　○从属权利要求书）　　☐说明书附图

注:独立权利要求书（权利要求1）记载了解决技术问题的全部必要技术特征,是保护范围最大的权利要求;从属权利要求书中是优选的方案技术特征。

9.您比较关注专利文献的信息是（可多选）

☐背景技术　　　☐现有技术缺陷　　　☐学习本领域最新成果
☐权利范围　　　☐了解合作伙伴、(潜在)竞争对手或市场
☐撰写、表达方式　☐技术创新点　　　☐实际使用价值
☐装置的结构或改造　　　　　　　　☐技术的方法、流程

具体实施方式(目的是○学习　○验证　○重视实施例多的　○对比,寻找自己的创新点　○其他)

法律状态(目的是针对○专利有效性　○专利地域效力　○审批程序信息　○转让、许可、变更、质押等信息)

□其他

10. a. 您本人或所在课题组近3年来申请的专利数量为

□0个(如没有)　　　□1~3个　　　□4~7个　　　□8个以上

b. 您本人或所在课题组近3年来授权的专利数量为

□0个(如没有)　　　□1~3个　　　□4~7个　　　□8个以上

11. 您所申请的专利平均每个申请的权利要求项数有

□0项(如没有)　　　□1~3项　　　□4~7项　　　□8项以上

12. 您在专利申请前对相关技术的文献检索主要包括(可多选;如果无,则跳过)

□中国专利文献　　　　　　　　□国外专利文献
□中文其他文献　　　　　　　　□外文其他文献

13. 您检索、阅读专利文献的大致范围是(可多选)

□本课题组　　□高产发明人　　□知名公司　　□特定主题
□新颖、创新产品　　□法律状态　　□防/被侵权
□同族/系列产品　　□其他

14. 您自己申请专利的主要目的是(可多选)

□完成课题　　　□申报职称　　　□完成单位指定的工作量
□垄断市场提升知名度(○单位　　○个人)
□申报高新技术企业/产品　　　　□其他

15. 您的专利有没有转让等许可事件发生或是购买别人的专利权,或相关意向?

□有　　　　　　　　　　　　　　□没有

16. 您是否经历过知识产权纠纷?(可多选;否,则跳过)

侵权(○被告　○起诉)　专利权的无效(○无效他人专利　○自己专利被告无效)

17. 您阅读专利有一些阅读习惯吗?(例如,阅读顺序、前后对照情况、关注部分的原因)

18. 您对本问卷或其他方面有何建议?

附录2 测后问卷

1.您阅读的三篇专利中,对哪篇最感兴趣?

□第一篇　　　　　　□第二篇　　　　　　□第三篇

2.在眼动记录的回放过程中,标注的地方默认为您感兴趣,是否有不一致之处?

　　□记录得不准确　　　□走神　　　　　□受干扰　　　□其他

3.在眼动记录的回放过程中,对于个别点的停留时间较长/短,请您解释一下当时的心理变化。

　　□技术不了解　　　　□难懂　　　　　□技术很了解

　　□想到前面内容,返回查找　　　　　　□其他

4.您阅读专利文献结构部分的顺序是(请按照您的主要阅读顺序标序号,如某部分重复阅读可多次标记):

　　__.著录项目　　　__.专利名称　　　__.专利摘要文字　　　__.摘要附图

专利说明书(__.背景技术　　　__.发明内容　　　__.实施例)

权利要求书(__.独立权利要求书　　　__.从属权利要求书)　　　__.说明书附图

5.您在阅读专利文献时,通常会对照以下哪些部分?(无,则跳过)

　　□著录项目与专利名称　　□摘要与摘要附图　　□背景技术与发明内容

　　□发明内容与实施例　　□发明内容与权利要求　　□独立权利要求书与从属权利要求书

　　□发明内容与说明书附图　　□实施例与说明书附图　　□其他

6.此次阅读过程中,您有哪些阅读习惯?

7.您对此次实验有什么补充或建议?

参 考 文 献

［1］ 国家知识产权局.2015 年度《世界知识产权指标》发布［EB/OL］.
http://www. sipo. gov. cn/zscqgz/2016/201601/t20160120_1231078. html,
2016-01-20/2016-02-04.

［2］ 刘汉鼎,等.专利情报利用方法与技巧［M］.西安:西安交通大学出
版社,1992.

［3］ 周思繁.专利文献在建设创新型国家中的重要作用［J］.科技情报开
发与经济,2012,22(13):101-102.

［4］ 黄立业,王坚,赵蕴华,等.面向产业决策支持的专利情报需求调查
研究——以海水淡化产业为例［J］.情报杂志,2013(2):52-56.

［5］ Gauch S, Chaffee J, Pretschner A. Ontology-based personalized
search and browsing［J］. Web Intelligence and Agent Systems:An Interna-
tional Journal, 2003, 1(3, 4):219-234.

［6］ 邓小昭.因特网用户信息检索与浏览行为研究［J］.情报学报,
2003,22(6):653-658.

［7］ Ho H N J, Tsai M J, Wang C Y, et al. Prior knowledge and
online inquiry-based science reading:Evidence from eye-tracking.［J］. Inter-
national Journal of Science & Mathematics Education, 2014, 12 (3):
525-554.

［8］ Glaholt M G, Wu M C, Reingold E M. Predicting preference
from fixations.［J］. Psychonology Journal, 2009, 7:141-158.

［9］ Beenen G, Ling K, Wang X, et al. Using social psychology to
motivate contributions to online communities［J］. Proceedings of the ACM
Conference on Computer-Supported Cooperative Work, 2004, 10 (4):
93-116.

［10］ Freeman L C. A set of measures of centrality based on betweenness［J］. Sociometry，1977，40(1)：35-41.

［11］ 陈悦，陈超美，刘则渊，等. CiteSpace 知识图谱的方法论功能［J］. 科学学研究，2015，33(2)：242-253.

［12］ Proudlock F A, Gottlob I. Physiology and pathology of eye-head coordination［J］. Progress in Retinal and Eye Research，2007，26(5)：486-515.

［13］ Hohenstein S, Laubrock J, Kliegl R. Semantic preview benefit in eye movements during reading：A parafoveal fast-priming study［J］. Journal of Experimental Psychology：Learning，Memory，and Cognition，2010，36(5)：1150-1170.

［14］ Kaakinen J K, Hyön ä J. Strategy use in the reading span test：An analysis of eye movements and reported encoding strategies［J］. Memory，2007，15(6)：634-646.

［15］ Lee Y, Lee H, Gordon P C. Linguistic complexity and information structure in Korean：Evidence from eye-tracking during reading［J］. Cognition，2007，104(3)：495-534.

［16］ Miller B W. Using reading times and eye-movements to measure cognitive engagement［J］. Educational Psychologist，2015，50(1)：31-42.

［17］ Grobelny J, Michalski R. The role of background color, interletter spacing, and font size on preferences in the digital presentation of a product［J］. Computers in Human Behavior，2015，43(1)：85-100.

［18］ Mishra R K, Singh N, Pandey A, et al. Spoken language-mediated anticipatory eye movements are modulated by reading ability：Evidence from Indian low and high literates［J］. Journal of Eye Movement Research，2012，5(1)：1-10.

［19］ Seiple W, Szlyk J P, McMahon T, et al. Eye-movement training for reading in patients with age-related macular degeneration［J］. Investigative Ophthalmology & Visual Science，2005，46(8)：2886-2896.

［20］ Lions C, Bui-Quoc E, Seassau M, et al. Binocular coordination of saccades during reading in strabismic children［J］. Investigative Ophthalmology & Visual Science, 2013, 54(1): 620-628.

[21] Smith N D, Glen F C, Mönter V M, et al. Using Eye Tracking to Assess Reading Performance in Patients with Glaucoma: A Within-Person Study[J]. Journal of Ophthalmology, 2014(1):1-8.

[22] Shillcock R, Ellison T M, Monaghan P. Eye-fixation behavior, lexical storage, and visual word recognition in a split processing model[J]. Psychological Review, 2000, 107(4): 824-851.

[23] Peebles D, Cheng P C H. Modeling the effect of task and graphical representation on response latency in a graph reading task[J]. Human Factors: The Journal of the Human Factors and Ergonomics Society, 2003, 45(1): 28-46.

[24] Borji A, Lennartz A, Pomplun M. What do eyes reveal about the mind? Algorithmic inference of search targets from fixations[J]. Neurocomputing, 2015, 149(Part B): 788-799.

[25] Graf A B A, Andersen R A. Predicting oculomotor behaviour from correlated populations of posterior parietal neurons [J]. Nature Communications, 2015, 6(1):6024-6024.

[26] White H D. Pathfinder networks and author co-citation analysis: A remapping of paradigmatic information scientists [J]. Journal of the American Society for Information Science and Technology, 2003, 54(5): 423-434.

[27] Rayner K. Eye movements and attention in reading, scene perception, and visual search[J]. The Quarterly Journal of Experimental Psychology, 2009, 62(8): 1457-1506.

[28] McConkie G W, Kerr P W, Reddix M D, et al. Eye movement control during reading: I. The location of initial eye fixations on words[J]. Vision Research, 1988, 28(10): 1107-1118.

[29] Miller B W. Using reading times and eye-movements to measure cognitive engagement[J]. Educational Psychologist, 2015, 50(1): 31-42.

[30] Mine S, Shiozaki J, Kunimoto C, et al. Children's eye movement while reading picture books[J]. Library and Information Science, 2007

(58)：69-90.

[31] Wilson T D. On user studies and information needs[J]. Journal of Documentation，1981，37(1)：3-15.

[32] Taylor，R. Information use environments [J]. Progress in Communication Science，1991(10)：217-251.

[33] Ingwersen P. Cognitive perspectives of information retrieval interaction：elements of a cognitive IR theory[J]. Journal of Documentation，1996，52(1)：3-50.

[34] Saracevic T. Relevance reconsidered[C]//Information science：Integration in perspectives. In Proceedings of the Second Conference on Conceptions of Library and Information Science. 1996，1(02)：201-218.

[35] Borlund P，Ingwersen P. The development of a method for the evaluation of interactive information retrieval systems [J]. Journal of Documentation，1997，53(3)：225-250.

[36] Rayner K. Eye Movements in Reading and Information Processing：20 Years of Research [J]. Psychological Bulletin，1998，124(3)：372-422.

[37] Wilson T D. Models in information behaviour research[J]. Journal of Documentation，1999，55(3)：249-270.

[38] Saloj ärvi J, Kojo I, Simola J, et al. Can Relevance Be Inferred from Eye Movements in Information Retrieval? [J]. Proceedings of Wsom，2003：261-266

[39] 应晓敏. 面向 Internet 个性化服务的用户建模技术研究[D]. 长沙：国防科技大学，2003.

[40] Liversedge S P, Rayner K，White S J, et al. Eye Movements When Reading Disappearing Text：Is There A Gap Effect in Reading[J]. Vision Research，2004(44)：1013-1024.

[41] 赵银春. 用户浏览内容分析与用户兴趣挖掘[D]. 重庆：重庆大学，2004.

[42] 段小斌，陈基漓，张沫，等. 个性化推荐服务中用户兴趣模型研究[J]. 计算机与信息技术，2006(12)：1-3.

[43] 张仙峰，叶文玲. 当前阅读研究中眼动指标述评[J]. 心理与行为研究，2006，4(3)：236-240.

[44] 白学军，张钰，姚海娟，等. 平面香水广告版面设计的眼动研究[J]. 心理与行为研究，2006，4(3)：172-176.

[45] Wilson T D. 60 years of the best information research On user studies and information needs[J]. Journal of Documentation，2006（6）：658-670.

[46] 张传福. 基于行为的用户兴趣研究[D]. 北京：北京邮电大学，2008.

[47] 燕飞，张铭，谭裕韦. 综合社会行动者兴趣和网络拓扑的社区发现方法[J]. 计算机研究与发展，2010，47(1)：357-362.

[48] Shih C W，Chen M Y，Chu H C，et al. Enhancement of information seeking using an information needs radar model[J]. Information Processing & Management，2012，48(3)：524-536.

[49] 闫国利，熊建萍，臧传丽，等. 阅读研究中的主要眼动指标评述[J]. 心理科学进展，2013，21(004)：589-605.

[50] 苌道方，钟悦. 考虑行为和眼动跟踪的用户兴趣模型[J]. 河南科技大学学报：自然科学版，2014，35(1)：49-52.

[51] 黄倩，谢颖华. 一种基于网页浏览行为的用户兴趣度计算方法[J]. 信息技术，2015(5)：184-186.

[52] 宋章浩. 基于 Web 浏览行为的用户兴趣模型研究[D]. 绵阳：西南科技大学，2015.

[53] 沈阳. 基于网络阅读行为兴趣度模型的网摘推荐[J]. 情报杂志，2007，26(2)：68-69.

[54] 高琳琦. 基于用户行为分析的自适应新闻推荐模型[J]. 图书情报工作，2007，51(6)：77-80.

[55] 李伟. 基于用户兴趣模型的新闻自动推荐系统[D]. 上海：复旦大学，2009.

[56] 周伟华. 基于个性化推荐的移动阅读服务系统的研究与设计[D]. 北京：北京邮电大学，2011.

[57] 赵娟. 面向浏览者的图像推荐模型[J]. 西安科技大学学报，

2012，32(5)：643-647.

[58]　周康，符红光，文奕．基于移动互联网的文献个性化推荐系统[J].计算机应用，2013，33(A01)：98-101.

[59]　程树林，刘跃军.基于时间感知和用户兴趣重要度融合的文档推荐模型[J].小型微型计算机系统，2015，36(9)：2003-2008.

[60]　方潇，李萌，包芃，等.基于眼动实验的个性化地图推荐模型探讨[J].地理空间信息，2015，13(1)：167-170.

[61]　缪涵琴.融合本体和用户兴趣的专利信息检索系统的研究与实现[D].苏州：苏州大学，2007.

[62]　彭中祥.专利信息检索系统的推送与数据挖掘应用研究[D].苏州：苏州大学，2007.

[63]　仲伟炜.专利文献分类及关联推荐技术应用研究[D].南京：南京航空航天大学，2009.

[64]　辛阳，文益民，曾德森，等.一种专利智能推荐算法设计与软件实现[J].计算机系统应用，2013(1)：70-73.

[65]　赵闯，王戴尊.基于专利信息需求的高校图书馆专利信息服务研究[J].科技情报开发与经济，2014(23)：107-110.

[66]　赵飞龙.基于功能信息自动标注的专利推荐方法研究[D].天津：河北工业大学，2015.

[67]　Rayner K. Eye movements in reading and information processing[J]. Psychological Bulletin，1978，85(3)：618-660.

[68]　邓小昭，阮建海，李健.网络用户信息行为研究[M].北京：科学出版社，2010.

[69]　Koning B B D, Tabbers H K, Rikers R M J P, et al. Attention guidance in learning from a complex animation：Seeing is understanding? [J]. Learning & Instruction，2010，20(2)：111-122.

[70]　Sauro J, Lewis J R. Average task times in usability tests：what to report? [C]// Computer Human Interaction，2010：2347-2350.

[71]　王佑镁.电子课本不同版面要素的眼动行为分析[J].编辑之友，2014(5)：89-91.

[72]　Reinhold Kliegl, Ellen Grabner, Martin Rolfs, et al. Length,

frequency, and predictability effects of words on eye movements in reading[J]. European Journal of Cognitive Psychology, 2004, 16 (1-2): 262-284.

[73] 闫国利,白学军. 眼动研究心理学导论:揭开心灵之窗奥秘的神奇科学[M]. 北京:科学出版社,2012.

[74] Schwiegerling J. Scaling Zernike expansion coefficients to different pupil sizes[J]. JOSA A, 2002, 19(10): 1937-1945.

[75] 姚敏,张森. 模糊一致矩阵及其在软科学中的应用[J]. 系统工程,1997(2):54-57.

[76] 单蓉. 个性化系统中一种新的用户兴趣模型的建立[J]. 科学技术与工程,2009,9(15):4420-4423.

[77] Frazier L, Rayner K. Making and correcting errors during sentence comprehension: Eye movements in the analysis of structurally ambiguous sentences[J]. Cognitive Psychology, 1982, 14(82):178-210.

[78] Morgante J D, Rahman Z, Johnson S P. A Critical Test of Temporal and Spatial Accuracy of the Tobii T60XL Eye Tracker. [J]. Infancy, 2012, 17(1):9-32.

[79] Salvucci D D, Goldberg J H. Identifying fixations and saccades in eye-tracking protocols[C]// Proceedings of the 2000 symposium on Eye tracking research & applications. ACM, 2000:71-78.

[80] Lerner J. The Importance of Patent Scope: An Empirical Analysis[J]. Rand Journal of Economics, 1994, 25(2):319-333.

[81] 张瑾. 基于改进 TF-IDF 算法的情报关键词提取方法[J]. 情报杂志,2014,4:153-155.

[82] Santella A, Decarlo D. Robust clustering of eye movement recordings for quantification of visual interest[C]// Eye Tracking Research & Application Symposium, Etra 2004, San Antonio, Texas, Usa, March, 2004:27-34.

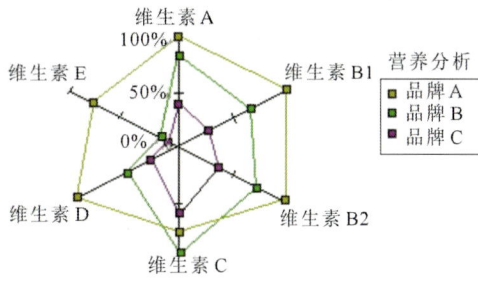

图 2.6　雷达图

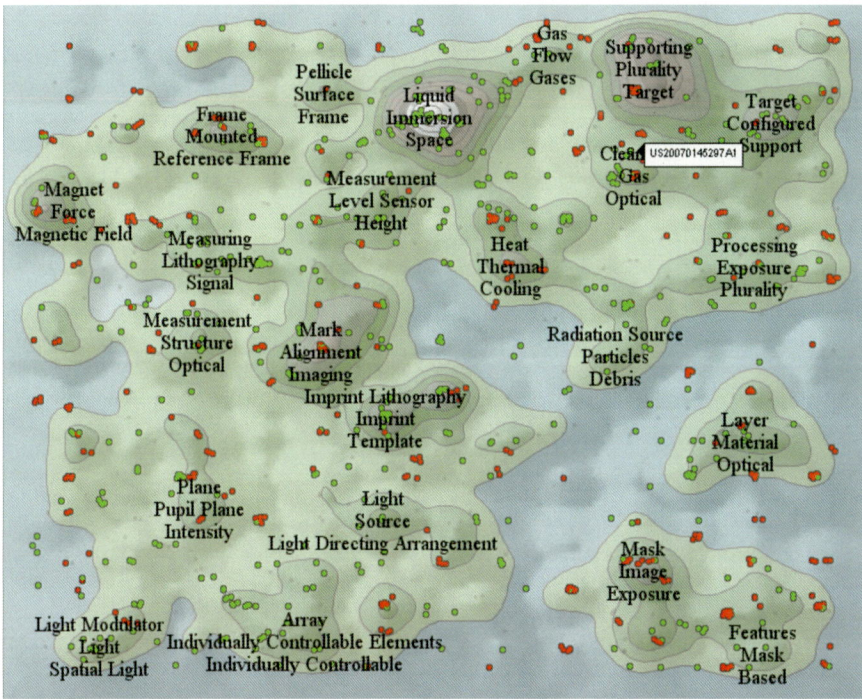

图 2.7　ASML 公司技术分布

（绿点：2006 年，红点：2002 年）

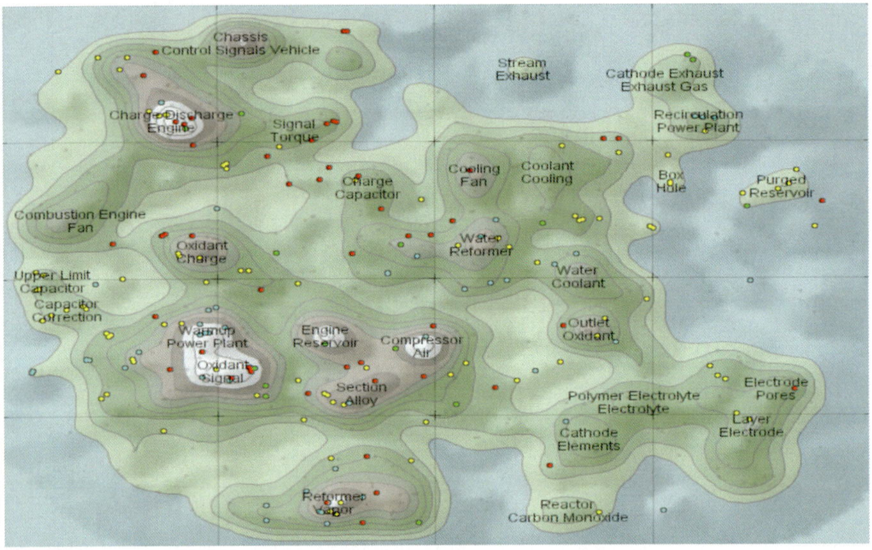

图 2.8 不同的专利权人重点关注的技术区域(燃料电池)

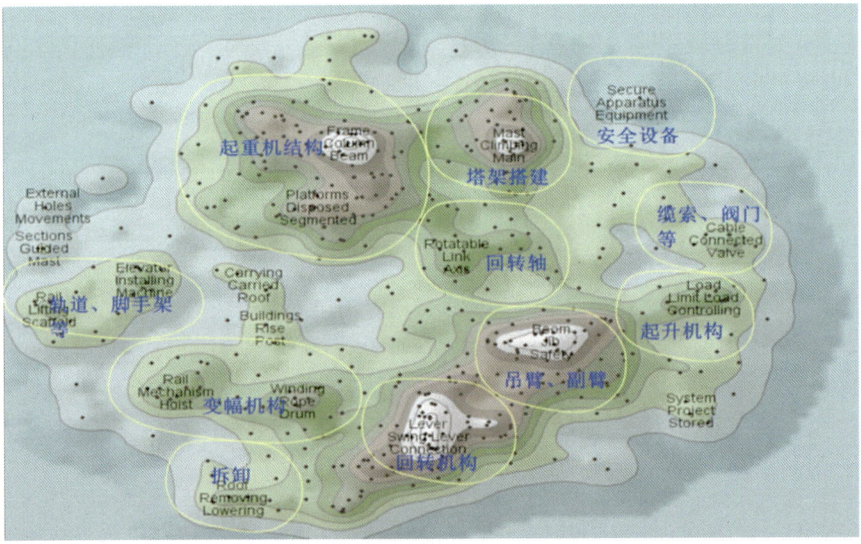

图 2.9 塔式起重机的技术归类图

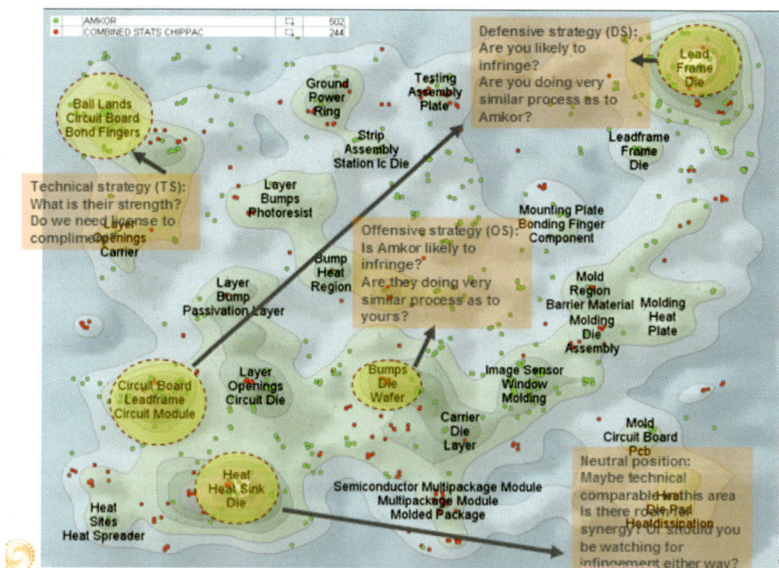

图 2.10　技术规避专利图

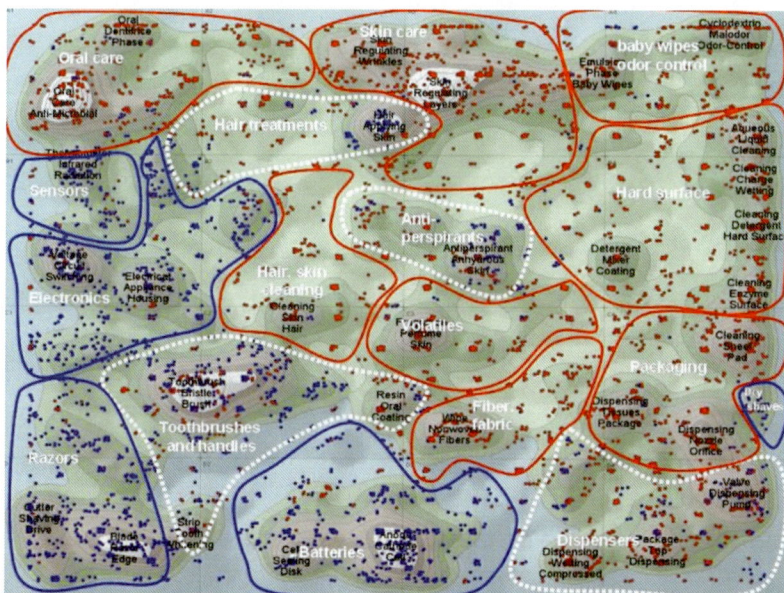

图 2.11　公司并购图

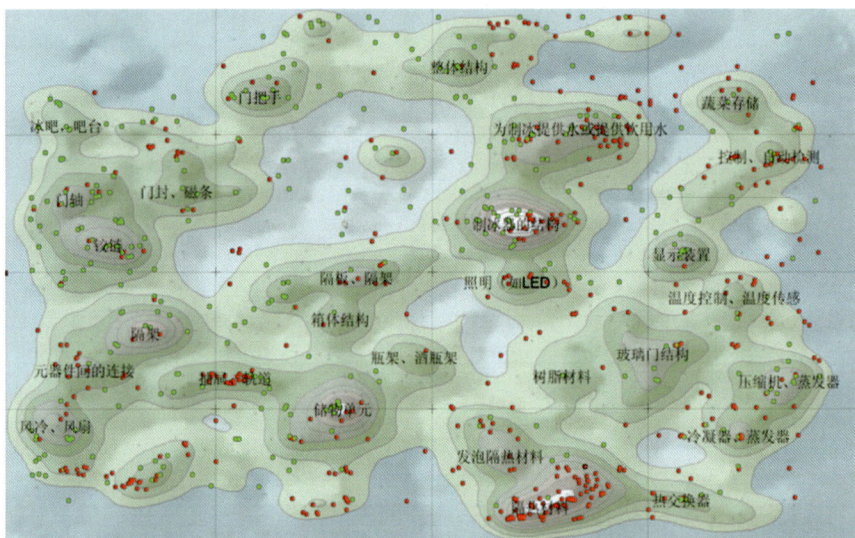

图 2.12　冰箱结构领域竞争格局

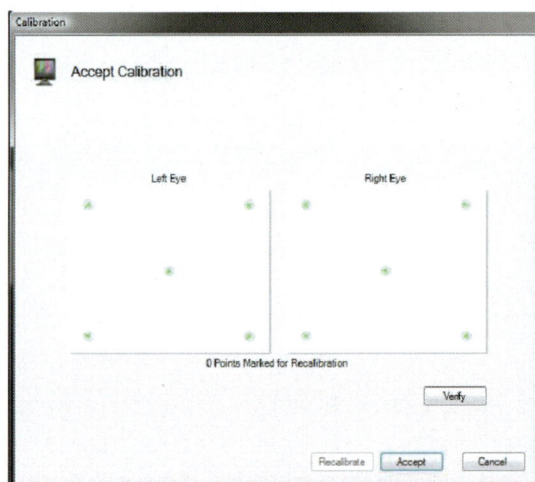

图 5.9　接受的定标结果图

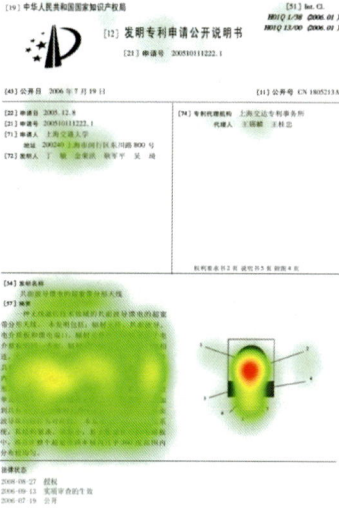

图 5.11　相对时间的热点图($n=6$)

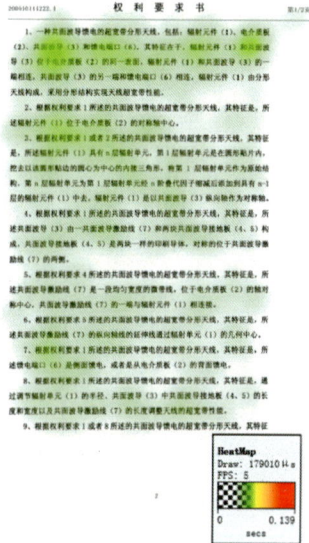

图 5.12　注视次数的热点图($n=6$)